Atul Wahi

Estudo de marketing: Factores que afectam o comportamento do comprador B2B de iluminação LED

Atul Wahi

Estudo de marketing: Factores que afectam o comportamento do comprador B2B de iluminação LED

Guia de marketing para empresas que operam no sector da iluminação LED B2B

ScienciaScripts

Imprint

Cover image: www.ingimage.com

This book is a translation from the original published under ISBN 978-3-659-86487-2.

Publisher:
Sciencia Scripts
is a trademark of
Dodo Books Indian Ocean Ltd. and OmniScriptum S.R.L publishing group

120 High Road, East Finchley, London, N2 9ED, United Kingdom
Str. Armeneasca 28/1, office 1, Chisinau MD-2012, Republic of Moldova, Europe
Managing Directors: Ieva Konstantinova, Victoria Ursu
info@omniscriptum.com

Printed at: see last page
ISBN: 978-620-8-53450-9

Índice

Resumo

O livro intitulado "Marketing study of factors affecting the B2B buyer behaviour in LED Lighting" (Estudo de marketing dos factores que afectam o comportamento do comprador B2B na iluminação LED) tem uma importância significativa, uma vez que a indústria da iluminação LED é uma das indústrias de maior crescimento no sector da energia, actuando como um facilitador na redução da pegada de carbono ao ser um catalisador da mudança na luta contra as alterações climáticas. Os principais resultados observados nesta investigação, ao entrevistar os OEM, foram que o preço, a qualidade e o conhecimento do fornecedor são alguns dos elementos-chave que influenciam a tomada de decisões dos clientes B2B.

Através da investigação primária e secundária e das provas recolhidas pelo investigador, verificou-se que os meios de comunicação digitais estão a desempenhar um papel cada vez mais importante na divulgação do conhecimento sobre os produtos LED, na sensibilização para o mercado e na possibilidade de atrair o utilizador final.

A investigação também destacou a situação da utilização das redes sociais nas organizações B2B para efeitos de tomada de decisões. Verificou-se que muitas organizações não possuem as competências e os recursos necessários para aplicar as tecnologias dos meios de comunicação social às suas necessidades empresariais e estão a trabalhar em diferentes estratégias para reduzir esta lacuna de competências.

Os resultados da investigação permitirão aos profissionais de marketing personalizar as ofertas utilizando as redes sociais e as ferramentas de marketing tradicionais de forma mais eficaz para permitir a tomada de decisões em alguns dos segmentos da indústria da iluminação, incluindo a iluminação arquitetónica, de retalho e de escritório. No entanto, esta aplicação das conclusões também pode ser acelerada se os OEM de iluminação tiverem um defensor das redes sociais na organização que actue como catalisador na implementação de estratégias de redes sociais para as soluções baseadas em iluminação LED.

O investigador considera que os resultados também ajudarão a desenvolver novas aplicações inovadoras em smartphones e outros meios digitais para melhor envolver e transmitir conhecimentos aos OEM de iluminação.

Agradecimentos

Gostaria de agradecer a várias pessoas que me ajudaram a realizar este projeto:

A minha mulher, Jessica, que tem sido uma grande fonte de inspiração e apoio ao longo de todo o projeto.

Os meus pais, Sudha Wahi e Ramesh Chander Wahi.

As minhas irmãs, Ridhi Zaveri e Dipali Wahi, por se terem informado sobre os meus progressos durante todo o processo.

Os meus amigos Andy, Ian e Jen por me terem dado palavras de encorajamento.

Aos meus clientes por terem disponibilizado o seu tempo sem o apoio dos quais este livro não teria sido publicado.

1 INTRODUÇÃO

O presente estudo de investigação foi realizado com o objetivo de investigar os factores que afectam a decisão de compra dos fabricantes de produtos de iluminação LED na indústria de iluminação B2B. A introdução é composta pelas seguintes seis partes: a indústria da iluminação; a iluminação LED é o futuro; o comportamento de compra organizacional; a estratégia de marketing; a motivação para o tópico de investigação; e os objectivos da investigação.

1.1 O sector da iluminação

O sector da iluminação inclui os mercados business-to-business (B2B) e business-to-consumer (B2C). Para efeitos do presente estudo, o investigador centrar-se-á no segmento B2B, que envolve um grande número de OEM (fabricantes de equipamento original) de iluminação que são servidos por vários fabricantes de fontes de luz. Os OEM produzem as luminárias, que são construídas para os consumidores finais em várias áreas de aplicação, incluindo retalho, hotelaria, escritórios e escolas, edifícios industriais e iluminação pública.

O sector da iluminação é considerado um sector conservador porque a taxa de inovação tem sido lenta. Por exemplo, a primeira lâmpada incandescente foi fabricada em 1890 (General Electric, 2013) e, até ao século XX, apenas três fontes de luz, incluindo as fluorescentes, as de descarga de alta intensidade (HID) e as de halogéneo, foram inventadas e produzidas comercialmente. No início de 2000, quando as propostas de LED (díodo emissor de luz) começaram a estar comercialmente disponíveis para a iluminação geral, houve ceticismo entre os fabricantes de luminárias e os projectistas de iluminação, porque viam o seu negócio tradicional de iluminação ameaçado pela tecnologia LED inovadora e em rápida evolução.

1.2 A iluminação LED é o futuro

A figura [1] mostra o tamanho de um pacote de LED, que é um dos principais componentes electrónicos utilizados pelos fabricantes de equipamentos de iluminação para construir dispositivos de iluminação energeticamente eficientes. Os produtos de iluminação LED têm muitas vantagens em relação às fontes de iluminação tradicionais, incluindo baixos custos do ciclo de vida, baixo consumo de energia e uma vida útil mais longa. A iluminação contribui para 19% do consumo de eletricidade a nível mundial (Climate Group, 2012), pelo que a utilização de tecnologias energeticamente eficientes ou "verdes", como a iluminação LED, catalisará a taxa de poupança de energia na indústria da iluminação. Na sua palestra "Global Lighting Transformation," Bhandarkar abriu o seu discurso salientando que "*o ritmo a que utilizamos a energia atualmente é insustentável*" (Peters & Wright, 2012), o que significa que existe uma necessidade séria de encontrar formas alternativas de consumo de energia para sustentar os recursos energéticos.

Fig.[1] EMBALAGEM DE LED (Philips Lumileds, 2013)

1.3 Comportamento de compra organizacional

A figura [2] mostra a taxa de crescimento do mercado da iluminação LED, que deverá registar uma taxa de crescimento anual composta de 32% até 2020 (ledinside, 2010). Esta taxa de crescimento é ainda apoiada por várias publicações do sector da iluminação, incluindo a revista lux e a revista lighting. Estas publicações opinam que a penetração dos LED deverá ser superior a 25% em 2017, em comparação com os actuais níveis de penetração de 7 a 9% (Hatcher, 2012).

Fig. [2] : Taxa de crescimento dos LED (ledinside, 2013)

Estes desenvolvimentos devem-se à tecnologia disruptiva e às novas forças competitivas no sector da iluminação LED. Por conseguinte, a compreensão do comportamento de compra das organizações está a tornar-se mais importante para desenvolver as estratégias de marketing corretas. Por outras palavras, é necessária uma investigação aprofundada dos factores que afectam a decisão de compra da tecnologia de iluminação LED pelas organizações B2B. Só se as empresas compreenderem as necessidades dos seus clientes e a motivação para a compra, poderão responder em conformidade, oferecer bons produtos, melhorar os seus serviços e, eventualmente, aumentar as receitas das vendas e o volume de negócios. Jobber (2009) resume muito bem este raciocínio: *"A compreensão do comportamento de compra das organizações é um pré-requisito para o sucesso do marketing"* (p.108).

1.4 Estratégia de marketing

Com o aparecimento de novos intervenientes na iluminação LED, a atividade dos concorrentes está a tornar-se feroz. Estes intervenientes são relativamente desconhecidos no sector da iluminação, mas bem conhecidos no sector da eletrónica de consumo, com orçamentos de marketing mais elevados (Nuemann & Roffner, 2011).

A implicação é que os fabricantes terão de trabalhar em estratégias para se manterem na linha da frente quando os clientes de iluminação B2B estiverem a tomar uma decisão de compra de iluminação LED. O marketing tradicional é orientado pelo quadro dos 4 Ps da estratégia de marketing, incluindo o produto, o preço, o local e a promoção McCarthy (1975), no entanto, com os meios de comunicação digitais, isto inclui agora também comunicações de marketing integradas em todas as plataformas offline e online (Twitter, Facebook, Google Plus, Linkedln, Ecatalogues). É pertinente integrar os meios digitais na estratégia de marketing da organização. Com o advento dos meios de comunicação social, os OEM estão a ver uma infinidade de material de marketing dirigido a eles, e é cada vez mais importante que os profissionais de marketing prestem atenção a este aspeto.

1.5 Motivação para o tema de investigação

A investigação do investigador revelou uma série de artigos, teorias e enquadramentos sobre o comportamento de compra organizacional e a tomada de decisões numa variedade de segmentos industriais, incluindo a indústria automóvel e a indústria de pneus. O investigador constatou uma falta de literatura sobre compras organizacionais na indústria da iluminação LED, o que constituiu uma oportunidade para novas investigações. No entanto, é uma visão estabelecida que a Europa é um dos maiores mercados para a iluminação LED, Marketwatch (2013) afirma: *A* Marketwatch (2013) *afirma: "A Europa tem o maior mercado de iluminação inteligente, que inclui a iluminação LED, especialmente em edifícios industriais comerciais, iluminação exterior e aplicações automóveis"* (p.2). No entanto, existem poucos estudos que investiguem os factores que afectam as decisões de compra de iluminação LED por parte das organizações no Reino Unido. O investigador, que está sediado no Reino Unido e tem acesso aos decisores da indústria da iluminação LED, considera este estudo de investigação como uma iniciativa fundamental que acrescentará grande valor ao negócio da iluminação LED no Reino Unido.

Atualmente, a taxa de penetração total da iluminação LED é de aproximadamente 15% no Reino Unido e, globalmente, prevê-se que a iluminação LED tenha uma quota de mercado global de 80% até 2020 (Denholm, 2013).

Assim, há uma corrida para obter a maior quota de mercado possível para alguns fabricantes, enquanto outros procuram aumentar a rentabilidade fornecendo serviços de valor acrescentado em matéria de conceção e engenharia.

1.6 Objectivos da investigação

O investigador desenvolveu quatro objectivos para investigar os factores que afectam as decisões de compra de iluminação LED na indústria de iluminação B2B no Reino Unido:

1. Estabelecer o papel dos meios digitais no comportamento de compra B2B.

2. Analisar a forma como os OEM de LED do Reino Unido tomam as suas decisões de compra e em que medida os meios digitais desempenham um papel na tomada de decisões.

3. Analisar as implicações para o sector da iluminação B2B.

4. Apresentar recomendações para o marketing B2B de LEDs a nível empresarial.

Para responder ao objetivo 1, o investigador irá realizar a revisão da literatura para reunir o conhecimento necessário para realizar a pesquisa primária sobre a literatura relacionada com a dinâmica competitiva, a tomada de decisão em negócios B2B, as deficiências do modelo de tomada de decisão, os factores que afectam a tomada de decisão organizacional, a evolução do conceito de centro de compras, os meios digitais e o marketing (internet e redes sociais).

O investigador estará em posição de investigar os principais temas emergentes da literatura, o que lhe permitirá formular perguntas para entrevistar os OEM de iluminação, para responder ao objetivo 2. O objetivo destas entrevistas é descobrir o que motiva e influencia as decisões de compra de produtos LED por parte dos OEM.

Na secção de metodologia, o investigador apresentará o estudo de investigação, incluindo a conceção da investigação e o método de recolha de dados. Segue-se a secção de resultados e análise de dados, onde os dados primários e secundários são avaliados e analisados, para responder aos objectivos 3 e 4. Finalmente, na conclusão, cada um dos objectivos propostos será respondido individualmente.

2 REVISÃO DA LITERATURA

O investigador efectuará uma revisão da literatura de alguns autores bem conhecidos sobre o comportamento do comprador B2B, incluindo os trabalhos seminais de Robinson, Farris e Wind (1972) e Sheth e Howard (1967), a fim de investigar os factores que iniciam o processo de tomada de decisão. As Cinco Forças de Michael Porter (1980) serão aplicadas para estudar o panorama competitivo na indústria da iluminação LED, o que permitirá dividir o processo de tomada de decisão em seis fases fundamentais. Além disso, um quadro de tomada de decisões organizacionais (Kotler & Armstrong, 2008) será comparado com o modelo comportamental industrial adaptado de Sheth (1973) para analisar tanto as deficiências como os pontos fortes.

Na fase seguinte, o investigador analisará os factores que afectam a tomada de decisões das organizações em função de factores orientados para a tarefa e não orientados para a tarefa, em que a "tarefa" está relacionada com atributos de compra intrínsecos, incluindo o preço, a qualidade e a fiabilidade. Os principais autores que farão parte desta revisão incluem Webster e Wind (1972), Dwyer e Taner (2002), Ekrete (2005) e Richeson (1995), entre outros, incluindo Hutt e Speh (1998), Shapiro e Jackson (1978) e Wilson (1998).

Além disso, o investigador irá rever os trabalhos seminais sobre compras organizacionais para obter uma compreensão mais profunda sobre a forma como a literatura neste domínio evoluiu ao longo das últimas décadas. Por fim, será discutido o impacto do marketing digital e dos media no comportamento de compra B2B, onde os principais autores são Sharma (2002), Walter (2008), Wilson e Vlosky (1998), Lemnik et al (2001) e Swani e Brown (2011).

O significado do modelo de Compra de Marketing Industrial (IMP) será analisado no contexto dos media sociais. Isto permitirá ao investigador refletir sobre a evolução da literatura sobre o comportamento de compra organizacional, a literatura sobre as redes sociais e o seu impacto no comportamento de compra B2B.

2.1 Dinâmica competitiva no sector da iluminação LED

Numa sessão de informação organizada pelo Credit Suisse, o especialista em iluminação e antigo diretor executivo da Philips Lighting, Ludo Carnotensis, discutiu o panorama competitivo global da iluminação LED e afirmou que um *"cenário agressivo"* de 80 % de penetração dos LED está *"nos planos"*. Por outras palavras, a quota de mercado da indústria era ligeiramente inferior a 12 % em 2012 e espera-se que atinja 25 % em 2014 (Lacey, 2013).

Com um elevado volume de produção de LED, o custo unitário total de cada LED diminuiu e esta situação continua a exercer uma pressão intensa sobre a margem de lucro de todos os fabricantes de iluminação. Por exemplo, empresas como a Philips Lighting, a Panasonic, a Osram e a GE lighting são marcas bem conhecidas no sector da iluminação e têm de competir com marcas desconhecidas no sector da iluminação, mas também com marcas bem conhecidas no sector da eletrónica de consumo, como a Samsung, a LG e a Sharp.

Os OEM do sector da iluminação são muito cuidadosos na escolha dos seus parceiros para reforçar a sua estratégia competitiva. No passado, quando os OEM de iluminação só podiam trabalhar com três ou quatro destas marcas bem conhecidas, não tinham muita escolha. Mas agora que o mercado se está a abrir a novas marcas de renome, a dinâmica da indústria da iluminação está a mudar. O estado atual do mercado da iluminação pode ser dissecado com a ajuda do quadro das Cinco Forças de Porter (1980) apresentado na figura [3].

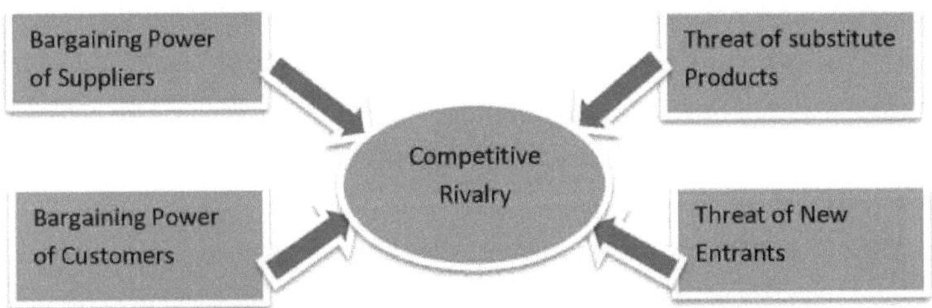

Fig [3] DINÂMICA COMPETITIVA (Porter,1980)

O quadro das Cinco Forças de Porter é amplamente considerado como um dos quadros fundamentais da estratégia empresarial moderna. Define as regras da concorrência num sector e destaca o que é importante para criar uma vantagem competitiva a longo prazo. De acordo com o modelo, a competitividade de uma indústria é influenciada por cinco forças: a ameaça de novos operadores, a ameaça de produtos substitutos, o poder de negociação dos fornecedores e dos clientes e a intensidade da rivalidade competitiva. Slator e Olson (2002) argumentam que as premissas básicas de Porter são de facto válidas e tão aplicáveis como há duas décadas atrás.

2.2 Implicações das cinco forças competitivas

O mercado global da iluminação LED está a crescer a um ritmo acelerado de 32% CAGR (taxa de crescimento anual composta) até 2020, altura em que mais de 80% do mercado da iluminação será convertido para a fonte de luz LED (Denholm, 2013). O poder de negociação dos fornecedores está a diminuir, o que se deve a um aumento do número de fornecedores (novos operadores) para os compradores. Na última década, quando existiam apenas algumas marcas de renome no sector, o poder de negociação dos clientes não era tão elevado. Atualmente, o equilíbrio inclina-se a favor dos clientes que dispõem de uma maior escolha. Ao tomar uma decisão de compra B2B, os OEM estão agora mais em sintonia com a sua estratégia competitiva global.

Por exemplo, quando um OEM é contactado por um utilizador final para um projeto, o OEM pode agora selecionar entre uma série de fornecedores diferentes que oferecem a tecnologia LED. O OEM está agora numa posição em que pode aproveitar a marca do fornecedor para obter uma vantagem competitiva. A aplicação acima referida das Cinco Forças de Porter ajudou a investigação do investigador sobre as principais dinâmicas do sector da iluminação LED.

2.3 Tomada de decisões B2B

A tomada de decisão pode ser definida como os processos mentais que resultam na seleção de um curso de ação entre vários cenários alternativos (Garvin, 1987). No contexto do presente estudo, o investigador do está a analisar a tomada de decisões nas empresas B2B, também designada por compra organizacional. É o processo de tomada de decisão pelo qual as organizações formais estabelecem uma necessidade de produtos e serviços comprados e identificam, avaliam e escolhem entre marcas e fornecedores alternativos (Kerin et al, 2012).

A tomada de decisão é um comportamento inato e universal, independente da idade, do género e da cultura. No entanto, uma vez que a tomada de decisão é um processo psicológico, é a forma como as pessoas chegam a uma decisão que pode variar. As compras nas empresas B2B implicam uma tomada de decisão complexa numa situação de elevado envolvimento do produto. É considerada complexa devido a um conjunto variado de factores que podem influenciar a tomada de decisões. Estes factores podem ser factores ambientais, factores organizacionais, factores interpessoais ou sociais ou podem ser elementos do processo de decisão de compra ou factores individuais relacionados com o indivíduo que está envolvido no processo de decisão, claramente ilustrados pelo quadro de tomada de decisão B2B na figura [4] de (Kotler & Armstrong, 2008)

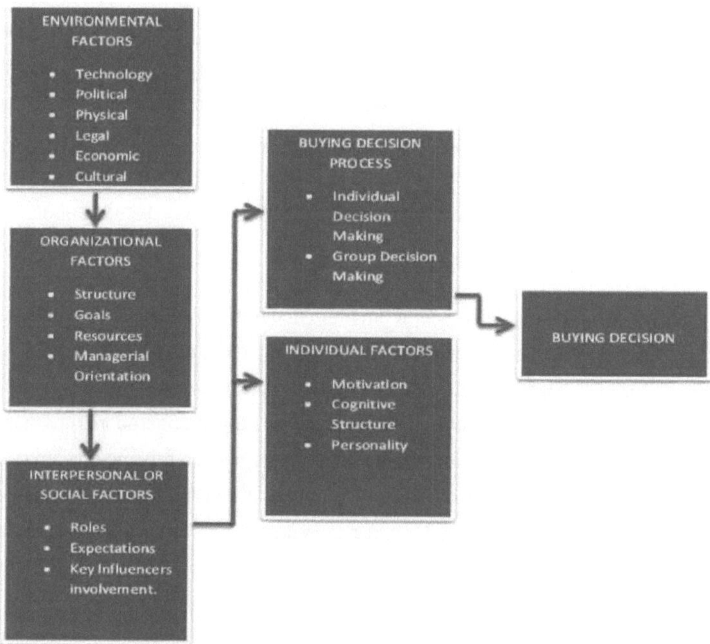

Fig. [4]: *QUADRO DE TOMADA DE DECISÃO B2B ADAPTADO DE* (Kotler & Armstrong, 2008)

2.4 Deficiências do quadro de tomada de decisões B2B

Quando o quadro de tomada de decisões B2B da figura [4] é aplicado ao sector da iluminação LED, verificam-se os seguintes inconvenientes: Mostra que o processo de tomada de decisão é sequencial; no entanto, nem sempre é esse o caso porque, por exemplo, nem todos os factores têm de ter influência na decisão de compra. Além disso, o modelo não inclui a resolução de conflitos e a negociação, que são alguns dos elementos-chave na tomada de decisões sobre iluminação LED. Por exemplo, se a solução a adotar fosse aprovada por um dos decisores, mas outro decisor tivesse uma perceção diferente da tecnologia, isso resultaria num pedido ao fornecedor para alterar a especificação. Este pedido pode ser difícil de satisfazer, uma vez que pode haver muito pouco tempo antes de a decisão ser tomada.

Factores como a pressão do tempo, a perceção do risco e o tipo de compra também não estão incluídos no quadro, o que evidencia outras deficiências. O estilo de vida, a educação e os antecedentes culturais do comprador que toma a decisão também não são considerados, o que mostra a abordagem bastante simplista do complexo processo de tomada de decisão na indústria de iluminação LED B2B. Em resultado destas deficiências, o investigador decidiu utilizar uma adaptação do Modelo de Comportamento do Comprador Industrial de Sheth (1973), que é analisado na secção seguinte.

2.5 Exemplo de aplicação: Comportamento do comprador na iluminação LED

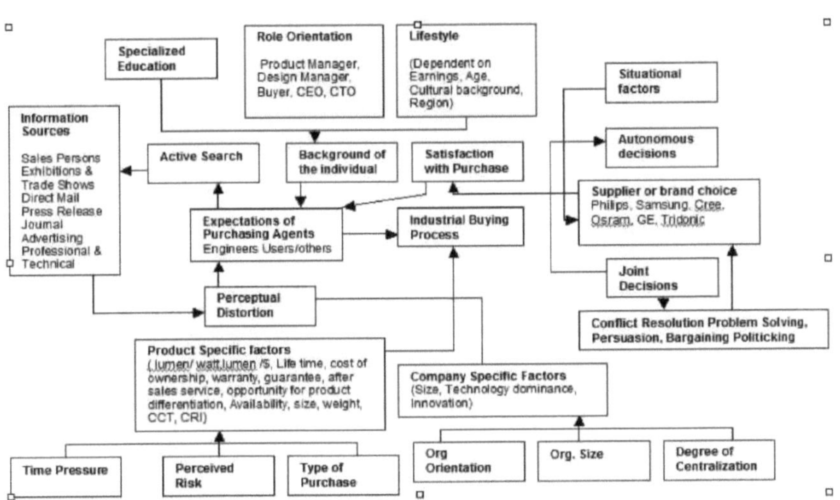

Fig. [5]: ADAPTADO DE: UM MODELO DE COMPORTAMENTO DO COMPRADOR INDUSTRIAL (Sheth, 1973).

O modelo acima ilustra que um processo de decisão complexo numa indústria de iluminação LED

B2B não é apenas sequencial quando comparado com o quadro anterior. Por conseguinte, o investigador considera que este modelo é mais aplicável à indústria da iluminação LED. O modelo tem em conta factores específicos do produto, factores específicos da empresa e factores relacionados com o estilo de vida, além de se debruçar sobre áreas de resolução de conflitos e de tomada de decisão conjunta que não estavam presentes no modelo de tomada de decisão B2B anterior.

Estes novos factores apresentados no modelo acima podem influenciar a decisão de compra de iluminação LED na indústria B2B e podem ser explicados pelo seguinte exemplo: O OEM, neste caso o agente de compras do , realiza uma pesquisa ativa do componente de iluminação LED necessário para fabricar a luminária para o supermercado do utilizador final. A fonte de informação do agente de compras é o pessoal de vendas de uma lista de possíveis fornecedores diferentes. A formação do indivíduo, neste caso o gestor de produto (caixa: orientação da função) no OEM, é um engenheiro profissional com experiência em tecnologia de iluminação (caixa: formação especializada). O gestor de produto é capaz de decidir qual o produto a comprar, analisando cuidadosamente os factores específicos do produto, que podem ser técnicos ou comerciais (custo, marca).

2.6 Factores que afectam a tomada de decisões organizacionais

Os compradores organizacionais são influenciados por muitos factores quando tomam decisões de compra. Webster & Wind (1972) distinguem entre factores orientados para a tarefa e factores não orientados para a tarefa que influenciam o comportamento de compra das organizações. Os factores orientados para a tarefa são factores organizacionais, como a melhor qualidade do produto, a entrega atempada ou o preço mais baixo. Os factores não orientados para a tarefa incluem factores pessoais como a promoção, o aumento do salário e a segurança no emprego. Quando as propostas dos fornecedores são, na sua maioria, semelhantes, os compradores organizacionais podem satisfazer os seus objectivos utilizando qualquer fornecedor. Assim, os factores pessoais, como a segurança no emprego, o aumento de salário e a promoção, assumem uma importância crescente. Quando a oferta dos fornecedores difere substancialmente, os compradores industriais prestam mais atenção aos factores organizacionais, incluindo a qualidade do produto e o preço, para satisfazer os objectivos organizacionais (Webster & Wind, 1972). As páginas seguintes apresentam alguns exemplos de factores orientados para a tarefa e não orientados para a tarefa que afectam as decisões empresariais.

2.7 Factores orientados para a tarefa

Os seguintes factores orientados para a tarefa serão explicados individualmente: qualidade, preço, marca e factores situacionais, incluindo o fator tempo, disponibilidade e factores organizacionais internos, como a qualidade e o preço (Webster & Wind, 1972).

Para cada organização compradora, a escolha do nível correto de qualidade é um elemento importante na função de compra porque, de acordo com Dwyer & Tanner (2002), a qualidade tem impacto no fabrico e no marketing, tanto em termos de custos como de contribuição potencial para as receitas. A qualidade, entre outras variáveis, influencia a decisão do comprador organizacional de patrocinar um fornecedor em vez de outro (Webster, 1970). Ekerete (2005) descreve um produto de qualidade como um produto que aumenta a esperança de vida de um produto no qual é incorporado ou utilizado. Uma maior qualidade pode significar um custo mais elevado para o produto; não significa necessariamente uma melhor qualidade (Richeson et al, 1995).

O preço que os profissionais de marketing atribuem a um produto ou serviço, de acordo com Hutt e Speh (1998), é um dos muitos factores analisados pelo comprador organizacional. Shapiro e Jackson (1978) observaram que o custo de um bem industrial inclui muito mais do que o preço do vendedor e que a decisão de fixação de preços e as decisões de política de produto são inseparáveis. Ao comprar um produto, um cliente organizacional assume sempre um custo adicional para além do preço de compra efetivo, que foi descrito como preço avaliado por Ekerete (2005) e como custo total por Wilson (1986).

A iluminação LED é uma nova tecnologia com um risco inerente acrescido para a marca, uma vez que o mercado é jovem e as normas de fabrico globais ainda não foram inteiramente formuladas. Esta perceção do risco dá origem à teoria de que os compradores preferem produtos de empresas com marca em comparação com produtos de empresas sem marca quando tomam uma decisão de compra. Este facto parece coerente com a constatação de que as decisões de compra das organizações são significativamente influenciadas pela imagem e reputação da empresa do fornecedor (Kauffmann, 1994; Lehmann & O'Shaughnessy, 1974; Moller & Laaksonen, 1986; Levitt, 1965; Shaw et al, 1989).

Os factores situacionais incluem o fator tempo, a situação financeira atual, a disponibilidade e as ofertas promocionais especiais. Estes factores serão apresentados de seguida. Por vezes, as organizações não têm tempo para seguir procedimentos de compra pormenorizados. Se a organização necessitar de substituir um equipamento que se avariou subitamente, pode decidir efetuar a encomenda a outro fornecedor existente ou a um fornecedor com capacidade para prestar assistência rápida.

Os factores internos da organização incluem as metas e os objectivos da organização, a estrutura organizacional, as políticas e os procedimentos, os níveis tecnológicos e a mão de obra qualificada. Estes factores serão explicados a seguir. As metas e os objectivos da organização são os principais determinantes de como e o que a organização irá comprar. Uma organização que pretenda conquistar uma maior quota de mercado vendendo a baixo custo é mais provável que procure fornecedores que possam fornecer grandes quantidades a um preço baixo. No entanto, uma empresa cujo objetivo é fornecer produtos de qualidade pode ter um padrão de compra completamente diferente e é mais provável que se concentre em questões de qualidade do que na vantagem do preço. As estruturas organizacionais, tais como as estruturas hierárquicas e de gestão, variam de uma organização para outra. Enquanto algumas organizações têm um departamento de compras bem estabelecido, outras podem atribuir esta função a alguém do departamento administrativo. Há certas organizações em que as decisões de compra devem ser tomadas coletivamente por todos os departamentos envolvidos. Os níveis de gestão nestas organizações são alinhados com as respectivas decisões de compra definidas por diretrizes estabelecidas.

2.8 Factores não orientados para a tarefa

Os factores não orientados para a tarefa, ou factores pessoais, incluem as relações interpessoais, a participação e a autoridade, a educação e a sensibilização, a capacidade de assumir riscos e os dados demográficos (Webster & Wind, 1972).

As decisões de compra das organizações raramente são um assunto individual; as relações interpessoais entre os decisores desempenham um papel fundamental neste tipo de compra. O conflito interpessoal e o conflito de interesses entre os decisores resultam frequentemente em atrasos e alterações. Assim, o tipo de pensamento e o tipo de relação que os decisores partilham têm um papel importante a desempenhar nas compras empresariais. No que respeita à participação e autoridade, existem sempre regras pré-definidas sobre quem pode participar na decisão de compra e quem é o decisor final.

Os modelos de comportamento de compra organizacional, incluindo os de Robinson, Faris & Wind Sheth, Webster & Wind, foram todos publicados num período de seis anos (19671973) e representam uma realização colectiva da necessidade de teoria no domínio do marketing industrial. Robinson, Faris e Wind explicam que o seu estudo se baseou nos resultados de um inquérito por correio a executivos de marketing industrial. Uma das conclusões foi a preocupação com o reconhecimento de potenciais clientes, a análise das suas necessidades, a motivação e a compreensão do seu comportamento (Robinson et al, 1967). O investigador considera que os profissionais de marketing dos mercados de consumo aplicaram mais estruturas, incluindo modelos de atitude, para explicar as motivações e o comportamento de compra dos consumidores. Em contraste, os profissionais de marketing industrial não têm tido um foco abrangente semelhante, utilizando modelos de comportamento de compra.

Robinson, Faris e Wind apresentam a estrutura da grelha de compra e ideias relacionadas com situações de compra, como a nova tarefa e a recompra modificada. A nova tarefa é quando o problema ou a necessidade é totalmente diferente das experiências anteriores e é necessária uma grande quantidade de informação para permitir a tomada de decisões do comprador na fase de resolução do problema. A recompra modificada ocorre quando os decisores consideram que é possível obter mais benefícios reavaliando as alternativas.

Sheth (1973) é um dos principais contribuintes para a literatura no domínio do comportamento de compra organizacional. Inspirou-se na sua colaboração com Howard (1969) e nos seus esforços de modelação do comportamento do consumidor. A investigação no domínio das compras organizacionais está dispersa por várias disciplinas, como a ciência política, a psicologia organizacional e várias subáreas de negócios, incluindo a produção, as finanças e a gestão de pessoal (Sheth, 1978). O investigador viu desenvolver-se um padrão através da revisão da literatura que mostra que o comportamento do consumidor e o marketing do consumidor se distinguiram como a vanguarda da disciplina de marketing. Por conseguinte, existe a crença popular de que a investigação sobre o comportamento de compra organizacional é *"escassa, não académica e mais orientada para o comércio"* (Sheth, 1978, p. 65-55). O marketing B2B carece de uma base teórica sólida e, por conseguinte, é principalmente orientado para o contexto, à semelhança do marketing internacional (Sheth, 1996). No entanto, o comportamento de compra organizacional tem sido influenciado por outros factores que resultam na mudança de paradigmas que serão discutidos na próxima secção.

2.9 Evolução do conceito de Centro de Compras

Weigand (1968) demonstrou que o processo de compra industrial é complexo e envolve muitas pessoas a vários níveis de uma empresa. Brand (1972) realizou um estudo baseado em 232 entrevistas semi-estruturadas com gestores envolvidos em actividades de compra em 43 empresas do Reino Unido. Analisou a participação de entrevistas-chave com estes gestores e a participação de departamentos e gestores-chave nas diferentes fases do processo de compra. Gronhaug (1975) verificou que o número de participantes nas compras era afetado pelo grau de rotina do problema de compra, pela perceção da importância do produto e pelos recursos disponíveis para lidar com os problemas de compra. Patchen (1974) verificou que a importância do interesse de uma pessoa na decisão tinha um efeito na participação dessa pessoa no processo. O poder, a política e a influência podem ser centrais para as variáveis sociais na central de compras. Pettigrew (1975) examinou as comunicações que entram e saem da empresa compradora. Verificou que certos indivíduos actuavam como guardiões para estruturar o resultado da situação de compra nas empresas compradoras através do controlo da informação. Martilla (1971) descobriu que a comunicação boca-a-boca dentro das empresas é uma influência importante nas fases posteriores do processo de adoção.

A próxima secção centrar-se-á na forma como o marketing digital e os meios digitais influenciaram o comportamento de compra das organizações.

3 Meios digitais e marketing

Os meios digitais referem-se a áudio, vídeo e fotografias que foram codificados ou comprimidos digitalmente para poderem ser armazenados e transmitidos através de diferentes dispositivos electrónicos, incluindo computadores pessoais, computadores portáteis, tablets e telefones inteligentes (Microsoft, 2010).

O marketing tradicional era efectuado fora de linha, por exemplo, através de meios impressos como revistas, brochuras e jornais. Com o advento dos meios de comunicação digitais, há cada vez mais oportunidades para comercializar um produto, conceito ou serviço. Esta tecnologia da nova era ajuda os profissionais de marketing a difundir a sua mensagem a potenciais clientes quase sempre e em qualquer parte do mundo.

Nesta secção, o investigador analisou o panorama dos meios de comunicação digitais e o papel que desempenham nas compras organizacionais. Os dois temas principais em que o investigador se centrou foram a Internet e as redes sociais.

3.1 Internet

Wymbs (2011) argumentou que o marketing digital é muito mais do que a mera comunicação através da Internet. O marketing digital inclui uma vasta gama de canais digitais, incluindo a Internet, as comunicações móveis e sem fios e a televisão digital (Davies et al, 2011), para que os clientes e os fornecedores possam escolher uma variedade de formas de comunicar entre si.

A Internet proporciona normalmente custos de transação mais baixos com maior acesso para manter cada relação empresa-comprador numa base de clientes muito maior.

A retenção da base de compradores existente continua a ser um objetivo fundamental (Kropper, 2001). A integração da Internet nas tácticas de marketing das empresas é essencial para a viabilidade a longo prazo do marketing das empresas em todas as áreas do marketing mix (Lichtenthal e Eliaz, 2002). Além disso, verifica-se que os sítios Web conduzem à desintermediação, ou seja, à eliminação de intermediários desnecessários na cadeia de abastecimento (Chircu et al, 1999).

Constantinides e Fountain (2008) definem a Web 2.0 "*como uma coleção de aplicações em linha de fonte aberta, interactivas e controladas pelo utilizador em processos empresariais e sociais que apoiam a criação de redes informais de utilizadores, facilitando o fluxo de ideias e de conhecimentos ao permitir a geração, a divulgação e a partilha eficientes de conteúdos* (p.231)". Isto significa que há cada vez mais oportunidades para um fornecedor comunicar com o seu homólogo cliente B2B, o que ajuda a sustentar as relações empresa-comprador. A citação também sublinha que o cliente tem mais poder hoje em dia, mais controlo e está a "consumir" em vez de apenas "consumir", é mais uma comunicação bidirecional interactiva que ajuda a conceber produtos específicos para aplicações do consumidor (Jenkins, 2006).

Para que o B2B seja realmente bem sucedido, é necessário um verdadeiro mercado e não apenas uma troca. O investigador utilizou a figura [7] para destacar a evolução das relações B2B antes e depois do aparecimento dos meios digitais.

	<-----1980s----->	<-------1990s------->	<-------2000s------->
Dimensions	**Transactional Exchange**	**Collaborative Exchange**	**Continuous Exchange**
Purchase Focus	purchase incidents	repetitive purchasing	alliance
Purchase Importance	lower purchase importance	moderate purchase importance	higher purchase importance
Purchase Time-Frame	negotiated term	intermediate term	seemingly indefinite term
Consideration of Alternatives	many brand alternatives	fewer brand alternatives	focused brand selection
Informational Links	minimal information exchange	ongoing information exchange	exponential information links
Operational Contacts	temporary operational links	temporarily permanent links	coupled operations
Commitment	minimal commitment	considerable commitment	commitment

Sources: Based on an integration of concepts adapted from Narus and Anderson (1991), Webster (1992) and Cannon and Perrault (1999), and Hutt and Speh (2001).

Fig [6] TRANSACCIONAL PARA A FONTE DE RELACIONAMENTO: BASEADO NUMA INTEGRAÇÃO DE CONCEITOS ADAPTADOS DE Narus e Anderson (1991), Webster (1992) e Cannon e Perrault (1999), e Hutt e Speh (2001) .

Antes do aparecimento dos novos meios de comunicação social, a atenção dada à compra era vista como estando puramente relacionada com situações de compra, enquanto a importância da compra era considerada baixa. O intercâmbio entre o fornecedor e o cliente era de natureza transacional, o que também significava que o cliente B2B tinha muitas opções de marca, o que pode ter resultado na falta de lealdade do cliente. Não existiam muitas ligações informativas ou pontos de contacto disponíveis, o que resultava num intercâmbio mínimo de informações entre o fornecedor e o cliente. No entanto, no início da década de 1990, com o advento da Internet, as trocas entre o fornecedor e o cliente B2B deixaram de ser colaborativas e passaram a ser contínuas na década de 2000. O foco da compra deixou de ser apenas um processo repetitivo e passou a ser mais orientado para a parceria e as ligações de informação entre o fornecedor e os clientes B2B aumentaram exponencialmente.

O ambiente digital permite às empresas B2B reduzir os custos, aumentando a eficiência das trocas em termos de comunicações e transacções (Sharma, 2002; Walters, 2008). As ferramentas digitais, incluindo os smartphones e os tablets, permitem que as empresas B2B forneçam informações sobre a marca e os produtos de forma transparente (Watson et al, 1998; Welling & White, 2006), permitindo que o cliente tome decisões de compra mais rápidas. Desta forma, o marketing digital pode ser utilizado para construir marcas em termos de consciencialização, melhorando a atitude em relação à marca e aumentando as intenções de compra (Drèze & Hussherr, 2003; Chintagunta et al, 2006).

As redes sociais fazem parte dos meios de comunicação digitais e o investigador abordará esta questão na secção seguinte.

3.2 Redes sociais

Os meios de comunicação social contribuíram para três tendências importantes no marketing B2B: em primeiro lugar, a tendência para o marketing evoluir como uma tarefa de tratamento da informação, em que a informação sobre produtos e aplicações é coligida e transmitida a um público mais vasto (Naude e Holland, 2004); em segundo lugar, a tendência para o marketing orientado para as relações (Piercy, 2010; Gemunden et al 2004; Wilson e Vlosky, 1998); e, em terceiro lugar, a necessidade de o marketing ser orientado para o mercado e não para o mercado nas indústrias de alta tecnologia, o que significa criar uma procura de produtos. Esta procura de produtos pode ser feita através de uma abordagem de atração do utilizador final, em que os utilizadores finais são sensibilizados para os benefícios da utilização de uma determinada tecnologia no seu ambiente empresarial (Hills e Sarin, 2003; Sarin e Mohr, 2008).

Lemnik et al (2001) observaram que *"as relações nos mercados de alta tecnologia são um fenómeno complexo (p.280)"*. Salientaram que os fornecedores têm de enfrentar o ceticismo dos compradores e a obsolescência relacionada com as novas tecnologias resultante do desenvolvimento constante de novas tecnologias.

Nestes mercados de alta tecnologia, como o sector da iluminação LED, é comum encontrar custos de mudança de fornecedor relativamente elevados, o que resulta num compromisso considerável do comprador em relação à tecnologia de um fornecedor específico (Wilson & Vlosky, 1998). Por conseguinte, os mercados de alta tecnologia são considerados de alto risco tanto pelos vendedores como pelos compradores (De Ruyter et, al. 2001).

A iluminação LED é uma tecnologia nova e com um elevado grau de perceção de risco para os compradores, pelo que é imperativo que os profissionais de marketing facilitem aos compradores a escolha da tecnologia LED correta para as suas necessidades de aplicação. Os compradores precisam de ter acesso rápido a informações que lhes permitam e ajudem na sua decisão de compra. As redes sociais podem ser uma boa opção para distribuir essas informações com o advento de várias plataformas digitais, incluindo telemóveis inteligentes e tablets.

No entanto, por outro lado, verificou-se que a venda pessoal face a face funciona melhor em processos de compra B2B complexos e duradouros, enquanto os canais de comunicação não pessoais, incluindo a publicidade e os canais digitais, desempenham papéis de apoio, criando sinergias para alcançar os objectivos de vendas (Ballantyne & Aiken, 2007; Long, Tellefsen, & Lichtenthal, 2007; Rosenbloom, 2007; Singha & Koshyb, 2011).

Ao longo dos anos, os canais digitais têm desempenhado um papel cada vez mais importante no apoio ao marketing tradicional em linha no segmento B2B, mas os profissionais de marketing B2B têm-se debatido com a integração das ferramentas dos meios de comunicação social recentemente surgidas como parte dos esforços de marketing. Jussila, Karkkainen e Leino (2011) argumentaram que existe uma grande lacuna entre o potencial e a utilização atual das redes sociais pelas empresas B2B. Como resultado, os profissionais de marketing B2B não estão a ter muito sucesso com a implementação de estratégias de redes sociais B2B devido, em parte, à falta de compreensão académica e prática do fenómeno (Swani e Brown, 2011).

Os obstáculos ao marketing digital B2B têm estado relacionados com objectivos mal definidos e com a falta de competências, recursos e apoio à gestão para complementar a utilização de ferramentas digitais (Rapp et al, 2005; Avlonitis & Panagopoulos, 2005; Pulhns et al, 2005). Jaywerdhana et al (2012) salientaram que existe uma falta de clareza na definição dos objectivos comerciais ideais para as redes sociais no sector B2B e, mais importante ainda, que a emergência das redes sociais afectou os objectivos de marketing digital no seu conjunto.

O Modelo de Compra de Marketing Industrial fig[7], ou modelo IMP (Hakansson, 1982, p. 24), é considerado um suporte essencial para o mundo das tecnologias sociais, enfatizando a aplicabilidade do modelo original nas interações entre humanos (H2H) (Sood & Pattinson, 2012). A figura [7] mostra que as interações pessoais um a um estão, em muitos aspectos, no centro de qualquer negócio (Halinen & Salmi, 2001).

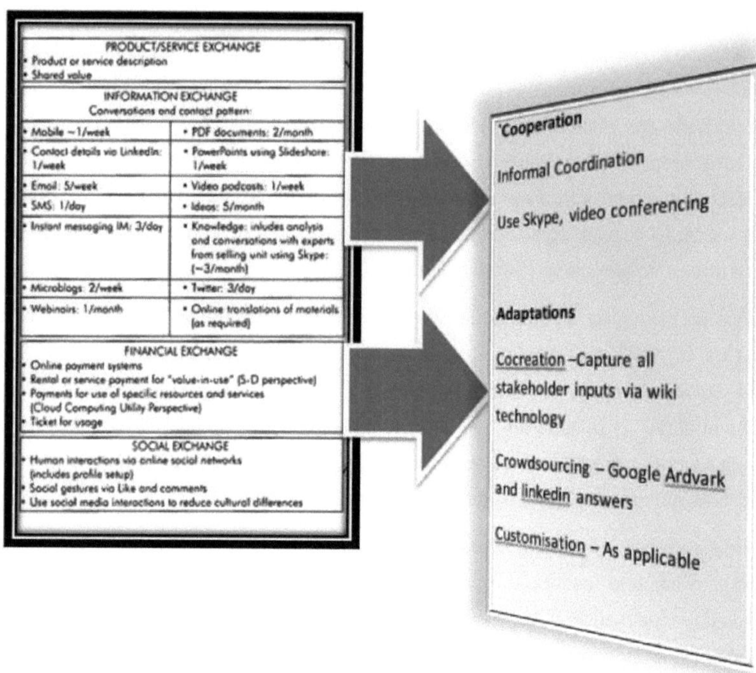

Fig [7]: MODELO IMP - ADAPTADO DE Hakansson (1982, pg. 26)

Mais importante ainda, os meios de comunicação social permitem que os participantes nas vendas e no marketing B2B interajam sem problemas com a unidade de decisão de compra sem necessidade de consultar especialistas em TI ou na cadeia de abastecimento, permitindo uma comunicação e uma tomada de decisões mais rápidas. O modelo acima mostra que as tecnologias digitais e os meios de comunicação social permitem o intercâmbio social e as interações humanas através das redes sociais em linha. A primeira seta a partir do topo na figura [7] indica o fluxo de informação desde a fase de intercâmbio de informação até à fase de cooperação. A segunda seta na figura [7] indica o fluxo de informação do intercâmbio financeiro e social para a fase de adaptação.

Além disso, as interações nas redes sociais ajudam a reduzir as diferenças culturais, interagindo visualmente com os clientes a um ritmo mais rápido através da Internet. Esta interação mais rápida com os clientes está a resultar numa cooperação estreita entre os fornecedores e os clientes B2B existentes ou potenciais.

Os meios de comunicação social, em colaboração com a tecnologia digital, permitem novos métodos inovadores de trocas financeiras. Por exemplo, com a opção "valor de uso" apresentada na figura [7], o cliente paga ao fornecedor apenas o que é consumido. O fornecedor tem conhecimento do consumo efetivo, uma vez que os dados transmitidos são em tempo real, 24 horas por dia, 7 dias por semana. Os compradores organizacionais tendem a estar altamente envolvidos e a utilizar um processo de decisão racional e formal, ao passo que os consumidores da indústria B2C tendem a demonstrar menos envolvimento e são comparativamente mais informais quando compram um produto ou um serviço; tendem a ser relativamente mais impulsivos quando compram uma oferta. Os profissionais de marketing B2B adoptam geralmente estratégias de marca e de comunicação de marketing diferentes das dos profissionais de marketing B2C (Johnston et al 2007). Swani e Brown (2011) opinaram que a utilização de nomes de marcas empresariais e apelos funcionais são mais eficazes na execução de uma comunicação social B2B. Afirmam ainda que os apelos diretos à ação com ênfase na venda são susceptíveis de ter um efeito negativo na eficácia da mensagem das redes sociais B2B.

Os profissionais de marketing B2B continuam a promover nomes de marcas corporativas, a fazer apelos funcionais e a incluir pistas que incentivam a pesquisa de informações relacionadas com o produto ou serviço que a organização está a vender. Do ponto de vista da interação, a utilização das redes sociais nas empresas implica dois tipos de dados: transacções de apoio e episódios de relações comerciais. As transacções ou as relações não podem ser prioritárias umas em relação às outras. Styles & Ambler, (2003)

Os dados sociais enriquecem os dados transaccionais complementados por dados experienciais resultantes da experiência do cliente (Louyout, et al 2007); isto significa que um envolvimento emocional com os sentimentos do cliente pode influenciar a tomada de decisão final, resultando numa parceria comercial. O aparecimento de dados sociais permite a criação de um envolvimento do cliente baseado na relação através de um negócio baseado na transação. Gronroos, (2010).

Uma das principais vantagens do marketing digital em relação ao marketing offline é o facto de o seu impacto poder ser mais facilmente medido. A mensurabilidade foi melhorada com o advento das comunicações digitais visíveis e rastreáveis (Hennig-Thurau et al, 2010).

As vendas a clientes existentes podem ser aumentadas, por exemplo, facilitando o processo de transação (Sharma, 2002), e as vendas a novos clientes podem ser impulsionadas conduzindo o tráfego para um sítio Web e gerando, assim, oportunidades de venda (Welling & White, 2006). Sood e Pattinson (2012) salientaram que a omnipresença das tecnologias e aplicações dos meios de comunicação social permite não só gerar conversas em linha, mas também melhorar as actividades de colaboração B2B no âmbito das conversas B2B e intra-empresariais.

A investigação da influência das redes sociais na compra de produtos LED é importante devido à escassa literatura nesta área.

4 Resumo da revisão da literatura

A revisão da literatura destacou alguns temas-chave que serão resumidos nesta secção. O investigador conseguiu relacionar o quadro das 5 Forças de Porter, que é útil para analisar a rivalidade competitiva no negócio B2B, como a indústria da iluminação LED. A literatura em torno do quadro de tomada de decisões (Kotler & Armstrong, 2008) sublinhou as deficiências, nomeadamente a falta de resolução de conflitos e o facto de a tomada de decisões ser apresentada como um processo linear. No entanto, o investigador considerou que o modelo de comportamento do comprador industrial adaptado de Sheth (1973) era mais aplicável à indústria B2B porque o modelo destacava claramente os cenários complexos da compra B2B, incluindo factores orientados para a tarefa e factores não orientados para a tarefa. A análise da literatura centrou-se nos factores orientados para as tarefas e não orientados para as tarefas, tendo as principais conclusões sido compiladas a partir da literatura de Webster e Wind (1972). Dois factores orientados para a tarefa que surgiram constantemente durante a análise da literatura foram a qualidade e o preço. Os autores que se centraram na qualidade relacionada com a tomada de decisões B2B foram Dwyer e Tanner (2002) e Ekrete (2005). Richeson et al (2005) resumiram-no da seguinte forma: uma maior qualidade pode significar um custo mais elevado para o produto; não significa necessariamente uma melhor qualidade. Os autores que se concentraram no aspeto do preço foram Hutt e Speh (1998), Shapiro e Jackson (1978) e Ekrete (2005), que utilizaram a palavra *preço avaliado*, e Wilson (1986), que escolheu a palavra *custo total* em vez da palavra preço, destacando o que estava incluído no preço e a perspetiva diferente dos autores em relação aos factores orientados para a tarefa.

Os principais autores, incluindo Sheth (1973) e Howard (1967), contribuíram para a literatura sobre os factores não orientados para a tarefa, sendo os factores mais comuns as relações interpessoais, a participação e a autoridade.

O investigador observou o desenvolvimento de um padrão em que existem muitos dados e análises de modelos comportamentais sobre o comportamento de compra do consumidor. Isto indica que o marketing de consumo é altamente especializado e de vanguarda. O investigador também verificou que a literatura sobre compras organizacionais é relativamente escassa.

A última parte da análise da literatura debruçou-se sobre o impacto dos meios digitais nas relações B2B. O investigador conseguiu reunir informações que mostraram que, no início da década de 1990, a relação entre várias empresas B2B era mais transacional e centrada na colaboração, tal como defendido por Narus e Anderson (1991), Webster (1992) e Cannon e Perrault (1999), e Hutt e Speh (2001). A Internet permitiu transacções de baixo custo e uma comunicação mais rápida entre empresas B2B. Este ponto de vista é partilhado por autores como Sharma (2002) e Walter (2000).

Considera-se que as ferramentas digitais estão a permitir a informação relacionada com a marca e o produto. Os meios de comunicação social são vistos como uma tendência emergente; no entanto, poucos autores consideram que os meios de comunicação social estão a fazer grandes incursões no domínio B2B. Tal deve-se ao facto de os mercados de alta tecnologia serem considerados complexos, segundo a opinião de autores como Wilson e Vlosky (1998) e Lemnik et al (2001).

Os mercados complexos de alta tecnologia têm muitas variáveis que estão incluídas numa decisão de compra processo e, consequentemente, há uma maior ênfase na venda presencial ou pessoal, o que é uma das razões pelas quais os mercados complexos de tecnologia não utilizam as redes sociais. A literatura também defende que, nos mercados de alta tecnologia, a venda pessoal ou presencial funciona melhor, enquanto os canais de comunicação não pessoais, incluindo os canais digitais, desempenham um papel de apoio.

Há uma falta de sensibilização para a utilização e os benefícios das redes sociais no domínio B2B. Este ponto de vista foi partilhado por autores como Swani e Brown (2011), Jussil et al (2011) e Jaywerdhana et al (2012). Pode concluir-se que o modelo IMP é aplicável atualmente aos meios de comunicação social, tal como o era há 30 anos. Isto deve-se ao facto de os meios de comunicação social se basearem nas interações humanas, que é também a premissa básica do modelo IMP.

Na secção seguinte, o investigador descreve a metodologia que foi aplicada para realizar o trabalho de investigação.

5 METODOLOGIA

A secção seguinte descreve a metodologia utilizada para o estudo de investigação e inclui o seguinte: conceção da investigação secundária e primária, método de recolha de dados, amostragem, conceção do questionário, pilotagem, ética da investigação, análise de dados, triangulação, validade e fiabilidade e limitações da investigação.

5.1 Conceção da investigação secundária

O investigador recolheu os dados da investigação secundária que se baseou numa revisão da literatura de alguns autores bem conhecidos no domínio da tomada de decisões B2B, dos meios de comunicação digitais e do marketing. A literatura utilizada pelo investigador provém de revistas académicas, revistas de marketing, acedendo às publicações dos estudantes, incluindo academic search complete, business source complete, econlit publication, regional business news on ebsco e emerald data bases fornecidas pela universidade. A literatura analisada pelo investigador girava em torno das decisões de compra e de aquisição na indústria B2B desde a década de 1960 até à mais atual, em 2013, proporcionando uma visão das mudanças e da evolução da tomada de decisões ao longo dos anos, incluindo Robinson e Wind, Sheth. A revisão da literatura também incluiu as principais revistas de marketing que mostraram a implementação de tecnologias digitais e de redes sociais nas empresas B2B. A escolha da literatura baseou-se nos seus principais contributos e conhecimentos, que permitiram ao investigador compreender melhor o tema da investigação. Isto permitiu ainda ao investigador agrupar os dados de acordo com os principais temas emergentes da revisão da literatura. A próxima secção tratará da conceção da investigação primária.

5.2 Conceção da investigação primária

O investigador conseguiu elaborar perguntas a partir de temas emergentes na investigação secundária. O investigador também recorreu a publicações bem conhecidas do sector da iluminação, como a revista lighting e a revista Lux live, que permitiram a formulação de perguntas, que

constituíram a base para a entrevista que o investigador realizou com os OEM de iluminação B2B para recolher dados primários. Os dados primários permitiram ao investigador selecionar os principais temas emergentes que constituíram a base para a análise detalhada dos dados. Os principais temas emergentes foram comparados com a revisão da literatura. Isto permitiu ao investigador aprofundar a análise, cujo resultado ajudou a desenvolver as principais conclusões que permitiram ao investigador responder aos principais objectivos da investigação que conduziram à conclusão final da investigação.

5.3 Método de recolha de dados

A entrevista qualitativa foi o principal método utilizado para recolher os dados. A investigação qualitativa ou exploratória, definida em termos gerais, significa *"qualquer tipo de investigação que produza conclusões a que não se chega através de procedimentos estatísticos ou outros meios de quantificação"* (Strauss & Corbin, 1990, p. 17). Foi escolhida uma abordagem de investigação qualitativa em vez de uma abordagem quantitativa pelas razões que se seguem.

Os métodos qualitativos podem ser utilizados para compreender melhor qualquer fenómeno sobre o qual ainda pouco se sabe (Strauss & Corbin, 1990). De acordo com o investigador, não foi realizada qualquer investigação prévia sobre os factores que influenciam a tomada de decisões na iluminação LED B2B no Reino Unido. Por conseguinte, o investigador acredita que a metodologia qualitativa ajudará a descobrir novos pensamentos, ideias e perspectivas que podem depois ser analisados e apoiados por dados secundários recolhidos a partir da revisão da literatura. Por outras palavras, a qualidade, e não a quantidade dos dados, é crucial para o presente estudo. O enfoque na qualidade denota a compreensão do significado associado às acções das pessoas, descrevendo o seu comportamento e derivando interpretações (Kvale, 1996). Desta forma, o investigador pode obter conhecimentos poderosos sobre os indivíduos - a que Geertz (1973) chama descrições espessas. Trata-se de descrições aprofundadas que envolvem a observação das interações entre pessoas, produtos, plataformas e actividades/eventos. No que respeita ao presente estudo de investigação, este tipo de interação pode ser encontrado entre os decisores, no local de compra, o vendedor do fornecedor, os produtos de iluminação LED, as plataformas online e as exposições. Em termos de conceção da investigação qualitativa, foi especificamente escolhida uma abordagem de entrevista em profundidade devido a quatro razões principais (McNamara, 1999; Kvale, 1996): Em primeiro lugar, as entrevistas consomem muitos recursos porque se pode investigar profundamente a história por detrás das experiências da pessoa. Além disso, o investigador tem a oportunidade de investigar novas ideias que não tinham sido pensadas anteriormente e pode pedir diretamente um maior aprofundamento através de mais perguntas. Permite um processo de comunicação duplo durante o qual o entrevistado também pode fazer perguntas. É muito mais fácil para o entrevistado comunicar verbalmente as suas opiniões do que escrevê-las num papel.

5.4 Amostragem

Além disso, foi utilizado um método de amostragem intencional. Esta estratégia de amostragem procura identificar os participantes com base em critérios selecionados relevantes para a questão de investigação. No contexto do presente estudo, foram escolhidos para as entrevistas os fabricantes de iluminação que possuem conhecimentos especializados sobre LED e iluminação LED no Reino Unido. O investigador optou por entrevistá-los com base na sua quota de mercado na iluminação LED; estes fabricantes representam mais de 80% das receitas das vendas de iluminação LED no mercado britânico, o que significa que os resultados podem ser aplicados ao sector mais vasto da iluminação LED no Reino Unido. Por outras palavras, a dimensão da amostra pode ser representativa do mercado britânico de iluminação LED, acrescentando valor à presente investigação.

No total, o investigador entrevistou sete fabricantes de equipamentos de iluminação, incluindo dois distribuidores. Cada entrevista durou entre 50 e 90 minutos. A figura seguinte apresenta uma panorâmica da sua experiência profissional, incluindo o segmento de mercado da iluminação e o cargo que ocupam.

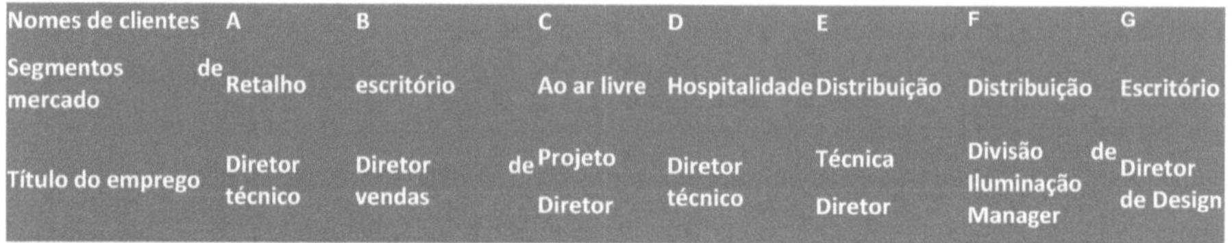

Nomes de clientes	A	B	C	D	E	F	G
Segmentos de mercado	Retalho	escritório	Ao ar livre	Hospitalidade	Distribuição	Distribuição	Escritório
Título do emprego	Diretor técnico	Diretor de vendas	Projeto Diretor	Diretor técnico	Técnica Diretor	Divisão de Iluminação Manager	Diretor de Design

Fig. [8] *OEMS DE ILUMINAÇÃO B2B ENTREVISTADOS*

5.5 Conceção da pergunta

As perguntas da entrevista variaram ligeiramente para os fabricantes de equipamentos de iluminação porque desempenham papéis diferentes no terreno. No entanto, a maioria das perguntas era aberta; todas as perguntas fechadas que exigiam um "sim" ou um "não" como resposta necessitavam de um maior desenvolvimento por parte do inquirido. As perguntas da entrevista podem ser resumidas nos seguintes temas.

- **Introdução**

- **A dinâmica do sector da iluminação** baseia-se na revisão da literatura e nos quadros de Porter (1980), Garvin (1987) e Kerin (2012), que destacam a evolução do sector

- **Os temas "critérios de tomada de decisão"** e "processo de tomada de decisão" são o resultado dos temas da literatura sobre a tomada de decisão, em que autores como Robinson e Wind, Pettigrew, Sheth, Martilla, Gronheuag, entre outros, contribuíram para a investigação anterior sobre estes dois temas.

- Processo de tomada de decisão

- **Factores de influência na tomada de decisão B2B**: este aspeto está relacionado com o tema apoiado pela revisão da literatura sobre os factores orientados para a tarefa e não orientados para a tarefa que têm impacto na tomada de decisão. O modelo comportamental de Sheth sobre o comportamento de compra industrial fornece uma visão sobre a natureza não linear da tomada de decisão no B2B.

- **Os meios de comunicação digitais** estão relacionados com o tema da literatura que evolui a partir do modelo IMP, em que o investigador investigou a validade e as implicações do modelo IMP no B2B. O investigador analisou os principais trabalhos da literatura de Wymbs (2011) , (Davies et al,2011), (Kropper, 2001), entre outros, nesta área dos meios de comunicação digitais.

O tema sobre os meios digitais ajuda o investigador a responder aos objectivos relacionados com o papel dos meios digitais no comportamento de compra B2B. O tema da dinâmica da indústria da iluminação e dos critérios de tomada de decisão ajuda o investigador a responder ao objetivo sobre a forma como os OEM de LED do Reino Unido tomam as suas decisões de compra. O tema dos factores de influência na tomada de decisões B2B contribui para responder ao objetivo relacionado com as recomendações para o marketing B2B de LEDs a nível empresarial. O tema dos meios digitais também ajuda a responder ao objetivo relacionado com o papel que os meios digitais desempenham na tomada de decisões. Por último, todos os temas ajudam coletivamente o investigador a responder ao objetivo sobre as implicações da indústria da iluminação B2B.

5.6 Pilotagem

A listagem pormenorizada das perguntas pode ser consultada no Anexo 14.1. Depois de o investigador ter preparado as perguntas da entrevista, recebeu o feedback de um dos seus colegas que trabalha no sector da iluminação LED. Este colega concordou que o investigador realizasse uma entrevista-piloto com ele. A entrevista-piloto com o colega ajudou o investigador a afinar ainda mais as perguntas antes de entrevistar os OEM de iluminação LED B2B. Também ajudou o investigador a organizar as perguntas num formato mais fluido.

Algumas das perguntas anteriores foram reformuladas pelo investigador após o feedback da entrevista-piloto. Algumas das perguntas foram omitidas e foram acrescentadas algumas perguntas adicionais. Este exercício permitiu ao investigador preparar um conjunto central de perguntas que lhe permitiriam encontrar respostas para os objectivos-chave definidos à partida. Para além das entrevistas, o investigador preparou uma folha de cálculo com as principais questões das entrevistas, nomeadamente quais os factores

influenciam a tomada de decisões organizacionais no domínio da iluminação LED. A folha de cálculo pode ser consultada no Anexo 15

O investigador enviou a folha de cálculo aos OEM diretamente após a entrevista. Os dados recolhidos na folha de cálculo (Anexo 13) serviram de suporte para a análise dos dados das entrevistas.

5.7 Ética na investigação

Ao longo de toda a investigação, o investigador procurou sempre realizar a investigação de forma ética. O objetivo da investigação é fornecer uma visão dos factores que influenciam a tomada de decisões na indústria britânica de iluminação LED B2B. O objetivo do investigador é que os resultados da investigação permitam e ajudem os esforços de marketing das empresas de iluminação B2B. Trata-se de um benefício e não de um prejuízo para as pessoas associadas à investigação. O investigador providenciou a obtenção do consentimento do entrevistado participante antes de efetuar a entrevista. Antes da entrevista, foi pedida autorização aos inquiridos para utilizar a gravação áudio. Foi-lhes assegurado que os dados seriam tratados de forma confidencial, uma vez que o anonimato era importante num ambiente de investigação comercial. O investigador também concedeu aos entrevistados o direito de se retirarem da entrevista e da recolha de dados em qualquer fase, se considerassem que a mesma violava as diretrizes da empresa ou causava algum dano ético desconhecido do investigador. O investigador, tanto quanto é do seu conhecimento, não utilizou qualquer método enganador para realizar a investigação ou recolher e analisar os dados. A investigação está em conformidade com a política de ética da investigação da Universidade de Oxford Brookes.

5.8 Análise de dados

As entrevistas foram realizadas por telefone ou presencialmente. Após a transcrição das entrevistas em dados textuais, foi utilizada a codificação temática (Flick, 2003) para analisar os dados de cada grupo individualmente. Devido ao facto de diferentes OEM de iluminação apoiarem diferentes opiniões/pontos de vista, todos os temas, maiores ou menores, foram tidos em consideração; a única condição era a relevância do tópico. Por este motivo, o investigador preparou uma síntese pormenorizada dos temas discutidos durante as entrevistas com cada OEM. A cada tema foi atribuído um código. Posteriormente, a lista de códigos foi agrupada em categorias semelhantes e cada uma delas foi identificada com um novo código. A utilização de estruturas temáticas facilitou a comparação de temas e perspectivas entre os sete entrevistados. Por exemplo, um dos temas sobre a dinâmica da indústria da iluminação foi organizado de forma a incluir áreas-chave relacionadas com os objectivos da investigação, tais como a indústria da iluminação e as evoluções comerciais observadas pelos OEM nos últimos cinco anos. Regulamentos governamentais que afectam a tomada de decisões e o processo de compra. Tendência de fornecimento global que pode afetar a tomada de decisões.

5.9 Triangulação

O investigador utilizou o método de triangulação, em que os dados primários foram recolhidos junto de diferentes OEM de iluminação em segmentos de aplicação de iluminação semelhantes e também numa mistura de segmentos, para que o investigador pudesse corroborar as conclusões de diferentes fontes. Patton (2002) adverte que é um equívoco comum pensar que o objetivo da triangulação é obter consistência entre fontes de dados ou abordagens. Verificaram-se inconsistências no método de triangulação adotado pelo investigador, uma vez que os OEM de iluminação tinham, em alguns casos, diferentes conjuntos de motivações, diferentes níveis na organização, uma formação académica diferente e também trabalhavam em diferentes níveis funcionais. No entanto, o investigador considerou que estas inconsistências proporcionavam uma recolha de dados primários mais rica e realista, uma vez que considerava várias funções e segmentos na indústria da iluminação. Como resultado, a recolha de dados foi mais representativa.

5.10 Validade e fiabilidade

O problema da validade e da fiabilidade da investigação qualitativa está ligado à definição de investigação qualitativa e à possibilidade de a refletir na prática para tornar uma investigação qualitativa devidamente válida e fiável.

Sarantakos (1994) sublinhou que a validade é "um elemento metodológico não só da investigação quantitativa mas também da qualitativa" (Sarantakos, 1994: 76). Isto mostra que a validade pode significar coisas diferentes para pessoas diferentes e pode variar consoante a perspetiva do investigador.

Este facto representou desafios e oportunidades para o investigador. Tendo em conta os critérios qualitativos desta investigação, não foi impossível obter validade e fiabilidade.

5.11 Limitações da abordagem adoptada

O objetivo do investigador foi reduzir consistentemente qualquer fator limitativo durante a investigação. No entanto, após reflexão, o investigador notou algumas limitações na abordagem adoptada. O investigador considerou que, durante o processo de entrevista com os OEM para recolher os dados primários, deveria ter-se concentrado em menos perguntas. Embora o investigador tenha achado que as entrevistas ajudaram a recolher dados ricos, sentiu que os dados eram esmagadores e que a transcrição de cada entrevista significava que eram necessárias muitas horas adicionais do que as previstas anteriormente pelo investigador.

A escassa disponibilidade de literatura na área da iluminação LED obrigou o investigador a utilizar material considerável de revisão da literatura relacionada com B2B semelhantes

organizações, incluindo a eletrónica e outras indústrias OEM. Os OEM de iluminação não seguem um procedimento padrão de marketing e, em alguns casos, embora conhecessem vagamente as aplicações dos meios de comunicação social, a sensibilização para as complexidades e a implementação dos meios de comunicação social para B2B era limitada.

O investigador viajou por toda a Europa por causa do seu emprego e teve muito pouco tempo para organizar entrevistas com OEM de iluminação no Reino Unido devido à sua agenda preenchida e à dos OEM.

6 RESULTADOS E ANÁLISE DE DADOS

Nas páginas seguintes, *"as frases escritas em itálico e enquadradas por aspas"* destacam a redação articulada pelos entrevistados. As suas frases não foram modificadas, o que significa que podem conter erros.

Para este tipo de investigação explicativa, Saunders et al. (2009) recomendam um método de entrevista semi-estruturado que foi construído como uma conversa guiada para uma discussão flexível e interactiva (Gubrium & Holstein, 2001). Por exemplo, a adição, exclusão ou redação de determinadas perguntas da entrevista pode variar em função do fluxo da discussão e das limitações de tempo do OEM. Além disso, o investigador pode pedir aos entrevistados alguns esclarecimentos sobre alguns pontos, quando necessário.

As respostas dos OEM estão agrupadas em temas gerais que se dividem em três partes: 1. dinâmica da indústria da iluminação, 2. tomada de decisões e 3. meios digitais.

6.1 Dinâmica da indústria da iluminação

Os sete OEM assistiram à evolução da dinâmica do sector da iluminação. A evidência desta mudança foi observada na emergência de um cenário competitivo em que os novos quadros empresariais estão em constante evolução, os preços de mercado estão a ser reduzidos e os ciclos de conceção dos produtos são mais rápidos. Os temas que o investigador investigou são: a evolução tecnológica dos LED e da indústria da iluminação; as normas de iluminação específicas de cada país; a marca; as forças competitivas; a gestão da qualidade total e as parcerias com fornecedores.

6.2 Evolução tecnológica do sector dos LEDs e da iluminação

Todos os sete fabricantes de equipamentos de iluminação viram que a combinação de produtos tecnológicos se alterou de várias formas. Por exemplo, a eficiência luminosa das fontes de luz registou um aumento dramático. Por exemplo, uma luminária vendida em 2011 e a mesma luminária vendida em 2012 registaram um aumento da eficiência luminosa de 30 a 40% e os preços desceram cerca de 20%. Esta tendência do mercado deu origem a escolhas variadas tanto para os utilizadores finais como para os OEM, como salientou um dos OEM: *"os utilizadores finais estão cada vez mais conscientes da tecnologia mais recente e estão continuamente a analisar o mercado em busca de preços mais interessantes"*. Isto significa que os OEM têm de trabalhar continuamente com roteiros de fornecedores que incorporem a mais recente gama de produtos para ajudar a criar as suas especificações para o utilizador final.

6.3 Mudança de paradigma

Um distribuidor salientou a mudança de paradigma: *"A tecnologia está a evoluir tão rapidamente que é difícil manter-se na vanguarda. Mas se continuarmos a tentar obter a melhor tecnologia e esperarmos que ela chegue, acabaremos sempre à espera! E não se faz muito trabalho de design".* Por outras palavras, os OEM envolvidos no trabalho de conceção de novos produtos têm de encontrar um equilíbrio em termos de incorporação de novas tecnologias nos seus produtos, mantendo-se ao mesmo tempo concentrados nas necessidades do utilizador final. Além disso, outro distribuidor afirmou: *"A conceção da iluminação mudou para módulos LED; qualquer pessoa que fabrique um módulo de lâmpada é um fabricante de lâmpadas. O design afastou-se das normas e dos factores de forma rígidos."* Isto reflecte o facto de a flexibilidade e a escolha resultantes do afastamento destas normas terem aberto as oportunidades de uma forma enorme para os OEM de iluminação. Podem agora adquirir os seus produtos a uma variedade de fornecedores diferentes, uma vez que o mercado está a assistir a um afluxo de novos intervenientes com a mais recente tecnologia LED. Isto complementa o que o investigador viu anteriormente na rivalidade do sector com a aplicação da estrutura das Cinco Forças de Porters (1980). *"A maioria dos utilizadores finais vê agora os LED como a primeira opção"*, sublinhou um fabricante de equipamentos de iluminação. Este facto ilustra claramente uma mudança de enfoque tecnológico dos produtos antigos para produtos que incorporam a mais recente tecnologia LED. No entanto, o que se tem verificado historicamente é que, até que muitos utilizadores adoptem uma nova tecnologia, esta pode contribuir pouco para a indústria da iluminação. Nathan (1972) opinou: *"Na história da difusão de muitas inovações, não podemos deixar de ficar impressionados com duas caraterísticas do processo de difusão: a sua aparente lentidão geral, por um lado, e as grandes variações nas taxas de aceitação de diferentes invenções, por outro."* Isto significa que as taxas de adoção da iluminação LED têm de crescer mais rapidamente do que atualmente.

6.4 Marca

Outro tema chave que foi destacado durante as entrevistas é a marca, que é considerada um fator orientado para a tarefa na tomada de decisões B2B, discutida na revisão da literatura. (Kotler & Armstrong, 2008) definem uma marca *como "um nome, termo, sinal, símbolo ou desenho, ou uma combinação dos mesmos, que se destina a identificar os bens e serviços de um vendedor ou grupo de vendedores e a diferenciá-los dos da concorrência (p. 443)".* Assim, uma marca é um identificador de uma entidade, com a noção de que o nome da marca permite aos consumidores identificar com confiança um produto de outro. Poucos fabricantes de equipamentos de iluminação consideram que a marca ganhou uma posição significativa no marketing da nova tecnologia de iluminação LED. Comparando este facto com a análise da literatura, verifica-se que a marca desempenha um papel significativo na redução da perceção de risco entre os decisores da indústria de iluminação B2B quando são confrontados com a nova tecnologia de iluminação LED.

6.5 Forças competitivas e seu efeito

Um dos OEM considerou que *"na corrida à iluminação LED para produzir produtos a baixo preço, há uma falta de diferenciação do produto".* Isto significa que se perde a identidade da marca ou o foco do produto principal ao seguir o resto da indústria da iluminação. Os distribuidores, por outro lado, consideram que se trata de um jogo de poder, tal como se pode ver nas Cinco Forças de Porter (1980), explicadas anteriormente na análise da literatura, em que os distribuidores de maior dimensão têm uma maior influência no mercado. Tal deve-se ao facto de os distribuidores de maior dimensão terem maiores receitas, stocks e recursos disponíveis. Outro fabricante de equipamento original viu que os novos produtos e tecnologias demoram mais tempo a ser desenvolvidos, uma vez que são tecnologias mais arriscadas. Isto significa que a adoção de tecnologias mais recentes demora mais tempo devido ao desconhecimento ou ao fator de risco, em comparação com os produtos e tecnologias antigos.

6.6 TQM e parceria com fornecedores

Um estudo da Universidade de Harvard concluiu que a principal razão para o declínio da competitividade dos EUA é o facto de as empresas americanas investirem menos nas relações e no desenvolvimento dos fornecedores (Monnczka et al, 1993). É exatamente isto que os OEM do Reino Unido estão a tentar evitar que aconteça. "*A TQM é muito importante para nós, trabalhamos com poucos fornecedores selecionados a dedo*", disse um dos OEM. Isto significa que o OEM, que apenas dispõe de alguns fluxos estreitos de fornecedores, dá muita importância à seleção dos parceiros fornecedores certos que podem cumprir o nível de qualidade prometido e acordado. Sendo a qualidade um dos elementos importantes relacionados com os factores orientados para as tarefas que influenciam a tomada de decisões, Dwyer e Tanner (2002), Ekrete (2005), Richeson et al, (2005) opinaram anteriormente na análise da literatura. Do ponto de vista das empresas e das grandes Do ponto de vista das empresas e das grandes empresas, o desenvolvimento de fornecedores contribuiu para melhorar a qualidade, a fiabilidade e a capacidade de fabrico de novas concepções. Além disso, o desenvolvimento de fornecedores também ajuda a aumentar a partilha de conhecimentos, a melhorar a colaboração e a capacidade de resposta às necessidades dos clientes (Krause & Ellram, 1997).

"*As pessoas vêem-nos como uma marca, pelo que não podemos correr o risco de perder a nossa credibilidade no mercado*", referiu um dos entrevistados. Ao selecionar os parceiros fornecedores, os OEM dão muita importância à marca, o que significa que é mais provável que os OEM estabeleçam parcerias com fornecedores que sejam marcas bem conhecidas ao seleccionarem ou adquirirem novos produtos e tecnologias. O investigador assistiu ao aparecimento de pontos de vista semelhantes, discutidos na análise da literatura, em que McQuinston (2004) sugere que o desejo de estabelecer uma relação com uma empresa com uma reputação sólida se deve ao aumento do risco percepcionado das ofertas de produtos geralmente tecnicamente complexos. Alguns OEM consideraram que a proliferação de tecnologia questionável proveniente do Extremo Oriente tinha abalado a confiança dos utilizadores finais na iluminação LED e que a parceria com uma marca de fornecedor bem conhecida era cada vez mais importante para recuperar a confiança desses utilizadores finais.

Curiosamente, nem todos os OEM de iluminação partilhavam a mesma opinião sobre as parcerias com fornecedores. "*Pelo contrário, vejo-as como uma ameaça para as empresas mais pequenas*", foi referido por um OEM de dimensão relativamente mais pequena, que considerou que as empresas com maiores receitas e volume de negócios no mercado poderiam facilmente reforçar o seu domínio no mercado através de parcerias com marcas bem conhecidas. Isto tornaria ainda mais difícil para as empresas mais pequenas estabelecerem relações e alianças com estas marcas e competirem no mesmo mercado. Este facto foi explicado anteriormente na análise da literatura pelas Cinco Forças de Porter (Porter, 1980), uma vez que os compradores com maior poder de compra no mercado são capazes de utilizar a sua escala como uma vantagem competitiva no mercado contra os concorrentes, através de condições comerciais favoráveis com os seus fornecedores.

7 Tomada de decisões no sector da iluminação LED B2B

7.1 Critérios de tomada de decisão B2B

Um OEM sublinhou: "*O que os clientes querem é muito importante para nós*" e deixou claro que, quando conseguem satisfazer os critérios de solicitação do cliente, conseguem manter-se fiéis aos valores da sua marca.

Durante a análise da literatura, o investigador verificou que os factores orientados para as tarefas e os factores não orientados para as tarefas desempenhavam um papel crucial nos critérios de tomada de decisão para os produtos e serviços B2B. A importância e a criticidade dos factores orientados para as tarefas e não orientados para as tarefas foram reafirmadas durante as entrevistas com os OEM de iluminação. Presume-se que os compradores organizacionais se concentram nos atributos de compra que incluem preço, qualidade, desempenho e serviços. Além disso, o risco envolvido numa compra organizacional é suscetível de obrigar os compradores a consultar fontes de informação informais e pessoais (De Chernatony e McDonald, 1998). Durante a entrevista, um dos fabricantes de equipamentos de iluminação explicou que os principais factores orientados para a tarefa que são importantes para a sua atividade são *"o retorno do investimento, o custo de propriedade, o prazo de entrega, a especificação técnica, o custo/lumen, o serviço, os parâmetros de qualidade e a marca".* Isto complementa os factores específicos do produto que o investigador pode comparar com o modelo de comportamento do comprador industrial adaptado de Sheth na revisão da literatura.

7.2 Factores que influenciam o processo de tomada de decisão B2B

Ao entrevistar os OEM, verificou-se que o seu processo de tomada de decisão variava quando comparado com a análise da literatura efectuada pelo investigador.

Um dos OEMs mencionou: *"Analisamos a aplicação do utilizador final e, em seguida, elaboramos rapidamente uma especificação que nos ajuda a avaliar a tecnologia adequada com base num desempenho ou quadro técnico. Uma vez cumpridos os requisitos técnicos, analisamos os requisitos comerciais do projeto e orçamentamos os custos totais previstos e associados. Em seguida, podemos escolher a tecnologia com a qual já trabalhamos com os nossos fornecedores existentes ou procurar outros fornecedores capazes de fornecer uma solução melhor que satisfaça os nossos requisitos para cumprir a especificação do utilizador final."* Esta visão do OEM segue algumas semelhanças com a revisão da literatura de Sheth (1973) efectuada pelo investigador. Os requisitos técnicos e comerciais fazem parte dos factores ambientais que influenciam o processo de tomada de decisão do OEM. Isto também mostra que o processo de tomada de decisão não é linear, o que foi destacado como uma falha de uma das estruturas de tomada de decisão B2B (Kotler & Amstrong, 2008) pelo investigador durante a revisão da literatura.

7.3 Factores orientados para a tarefa e factores não orientados para a tarefa

A maioria dos OEM tem opiniões semelhantes sobre a influência dos factores ambientais no seu processo de tomada de decisões. Durante o processo de entrevista, os OEM salientaram que os factores tecnológicos e económicos eram os principais factores ambientais que consideravam na altura de tomar uma decisão. Por exemplo, o fator tecnológico seria a eficiência da fonte de luz LED e o fator económico, por exemplo, poderia ser o preço da fonte de luz LED. O investigador constatou que as opiniões dos OEM sobre os pontos de preço eram coerentes com a análise da literatura, em que o preço foi destacado como um dos principais elementos orientados para a tarefa que influenciam a tomada de decisões por autores como Hutt e Speh (1998), Shapiro e Jackson (1978) e Ekrete (2005). O investigador também constatou que as opiniões dos OEM sobre os factores ambientais eram coerentes com a análise da literatura, incluindo o trabalho seminal de Sheth (1973). Os OEM também mencionaram que o seu processo de decisão de compra era afetado pela sua estrutura organizacional. Por exemplo, um dos OEM mencionou: *"Somos uma organização plana e isso ajuda-nos a tomar decisões mais rápidas quando compramos produtos aos nossos fornecedores."* Isto significa que este OEM tinha uma vantagem competitiva em comparação com outros OEMs que tinham uma organização maior, em que a tomada de decisões podia demorar mais tempo e perder tempo crítico. Outra semelhança encontrada no processo de tomada de decisão de compra dos OEM de iluminação foi o facto de os OEM serem influenciados pelos objectivos organizacionais durante a tomada de decisão. Este facto também foi identificado como um dos temas da análise da literatura. Um dos OEMs, por exemplo, mencionou: "*fomos incumbidos de analisar o mercado e os produtos que são energeticamente eficientes, o objetivo da nossa empresa tem sido converter a maioria dos nossos produtos antigos para a nova tecnologia LED."* Isto mostra claramente como os factores organizacionais, incluindo os objectivos organizacionais, podem afetar a tomada de decisões B2B.

As reacções dos fabricantes de equipamentos de iluminação também são coerentes com a análise da literatura efectuada pelo investigador, em que se verifica que as aquisições altamente técnicas exigem os conhecimentos de especialistas técnicos. Num contexto empresarial, o comprador está mais preocupado com a funcionalidade. Os produtos tendem a seguir tendências lineares no contexto empresarial, devido ao avanço técnico. Além disso, as compras são efectuadas no âmbito de *uma "ideologia de escolha racional"* (Minett, 2002, p. 69).

7.4 Comunicação

Um OEM mencionou: *"a comunicação é a chave. Se houver algum problema, esperamos que o fornecedor o resolva."* Isto significa que as relações interpessoais são de importância crucial entre o OEM do sector da iluminação e o fornecedor da fonte de luz LED. As relações interpessoais são referidas como o fator não orientado para a tarefa pelo investigador na sua análise da literatura. Outro OEM mencionou *"a entrega atempada é fundamental para nós"*. Isto realça o fator não orientado para a tarefa que é crítico na tomada de decisões para este OEM de iluminação. Os OEMs parecem ter atribuído uma pontuação muito elevada de 9,8 em média quando lhes foi colocada a questão: *"Qual a importância dos conhecimentos do vendedor que lhe está a vender uma solução, numa escala de 1 a 10?"* Isto mostra a importância atribuída ao conhecimento tácito do vendedor no processo de tomada de decisão. O conhecimento tácito é mais difícil de acumular devido às interações mais próximas, especialmente as interações cara a cara com os fornecedores (Clarke, 2007), o que pode significar que, se o vendedor não tiver um bom conhecimento dos produtos e soluções da empresa, isso pode ter um impacto negativo no processo de tomada de decisão do fabricante de equipamentos de iluminação.

7.5 Meios digitais - Impacto na tomada de decisões B2B

7.6 Internet e tomada de decisões

"A Internet desempenha um papel crucial na comunicação em geral e é, por defeito, uma ferramenta de qualificação pré-venda" respondeu um dos OEM de iluminação durante a entrevista. A Internet é considerada uma das plataformas de comunicação mais básicas na gestão quotidiana das empresas. De hora a hora, as organizações interagem com os seus clientes e fornecedores através da comunicação por correio eletrónico. Para recordar a revisão da literatura anterior, Ronchi (2011) opinou que a Internet permite uma partilha de informações mais rápida e mais rica e oferece a possibilidade de criar relações comerciais mais profundas. Quando os OEM têm reuniões marcadas com fornecedores actuais ou potenciais, tendem a utilizar a Internet antecipadamente para se certificarem de que reuniram informações suficientes ou pesquisaram as informações necessárias sobre a empresa, bem como sobre os seus produtos e tecnologia. Esta qualificação inicial de pré-venda ajuda o OEM a tomar uma decisão mais informada.

Quando perguntaram aos OEM do sector da iluminação se a Internet proporciona normalmente custos de contacto e de transação mais baixos e um maior acesso, a maioria dos OEM considerou que era verdade, mas que o toque pessoal e a venda baseada em relações são muito importantes no sector da iluminação. Este facto está em consonância com o que Sharma (2002) e Walters (2008) afirmaram na análise da literatura: o ambiente digital permite que as empresas B2B reduzam os custos aumentando a eficiência. Considera-se que a Internet simplifica os processos de aquisição ineficientes, eliminando os elementos manuais, baseados em papel, administrativos e burocráticos inerentes aos sistemas de aquisição tradicionais. Um dos fabricantes de equipamentos de iluminação mencionou: *"A tecnologia está a evoluir a um ritmo tão rápido que é muito importante que o vendedor explique pessoalmente os prós e os contras da tecnologia aos nossos engenheiros e designers."* A razão para isto é que os OEM sentem que os sítios Web das empresas não estão a ser regularmente actualizados sobre a mais recente tecnologia LED, uma vez que esta está a atingir a obsolescência num espaço de tempo relativamente curto. Por conseguinte, os OEM querem certificar-se de que obtêm as informações mais recentes do pessoal de vendas do fornecedor, para que possam escolher a tecnologia LED mais atual para a sua aplicação.

Quando se perguntou aos OEM como comparam as informações recebidas do vendedor com as informações dos meios digitais, os OEM do sector da iluminação consideraram que a posição do vendedor é vital e insubstituível, uma vez que a tecnologia é complicada, com variações em todas as categorias de produtos e aplicações. Um dos distribuidores referiu: *"Consulto os sítios Web para obter uma pré-qualificação dos nossos fornecedores ou dos produtos que tencionamos utilizar na conceção dos nossos produtos antes de marcar qualquer reunião de vendas com os fornecedores."* Isto mostra o papel desempenhado pela Internet no fornecimento de informações de base ao OEM de iluminação para uma discussão posterior com o fornecedor. As ferramentas digitais permitem que as empresas B2B *forneçam* informações relacionadas com a marca e os produtos (Watson et al, 1998; Welling & White, 2006). *No futuro, isto pode mudar".* Isto mostra como os OEM valorizam o apoio recebido do vendedor, que permite a sua tomada de decisão, orientando-os através dos produtos e da tecnologia da empresa. Isto também complementa o que o investigador viu durante a revisão da literatura, que as relações interpessoais, que são factores não orientados para a tarefa, ajudam a influenciar a tomada de decisões B2B.

7.7 Impacto direto das redes sociais

Os distribuidores entrevistados não consideraram que as redes sociais tivessem qualquer impacto direto nas suas decisões de compra . Esta opinião foi partilhada pelos decisores mais antigos que trabalham para outros OEM de iluminação. Os OEM entrevistados também sentiram que não tinham tempo para gastar em redes sociais e um dos OEM disse: *"Prefiro recolher informações diretamente do pessoal de vendas, é mais atual e não tenho de perder tempo a vasculhar qualquer canal de redes sociais."* Os OEM de iluminação precisam sempre de ter acesso às informações e aos roteiros tecnológicos mais recentes. Em alguns casos, estas informações não são partilhadas nos sítios Web das empresas ou em qualquer outra rede social, pelo que, neste caso, os OEM de iluminação preferem contactar diretamente o pessoal de vendas do fornecedor. Este facto é coerente com a análise da literatura, em que o investigador concluiu que a venda pessoal presencial funciona melhor em processos de compra B2B complexos e duradouros, enquanto os canais de comunicação não pessoais, incluindo a publicidade e os canais digitais, desempenham papéis de apoio, criando sinergias para alcançar os objectivos de vendas (Ballantyne e Aiken, 2007).

Quando perguntaram a outro fabricante de equipamento original se utilizava o Facebook, a resposta foi: "Não somos a Nike". Por isso, para manter um comprador B2B interessado, é pertinente fornecer histórias que criem uma pesquisa de informações sobre um determinado produto ou tecnologia e que conduzam o tráfego para o sítio Web da empresa B2B.

Os decisores mais jovens das organizações OEM consideraram as redes sociais muito importantes e preferiram utilizar redes sociais como o LinkedIn, o Twitter e um OEM citou: *"Para comercializar a empresa nos dias de hoje, é crucial envolver-se nas redes sociais."* O que se pode ver é que os decisores mais jovens nas organizações B2B OEM estão mais ligados às redes sociais devido ao seu próprio consumo e utilização das redes sociais para fins privados e este fator também permitiu a compreensão da utilização das redes sociais para fins comerciais e profissionais. A análise da literatura sustenta este ponto de vista, sugerindo que o aparecimento de dados sociais promove a criação de "um envolvimento do cliente baseado em relações a partir de um negócio baseado em transacções" (Gronroos, 2010).

Os decisores mais jovens também sublinharam que as redes sociais, como o Linkedin, são uma ferramenta que permite a discussão de um determinado tópico relacionado com a indústria ou o produto. Estas discussões podem depois dar início a uma nova pesquisa de informação por parte dos utilizadores finais, conduzindo-os às páginas Web da empresa para uma pesquisa de informação mais detalhada sobre a empresa ou o produto. Durante a entrevista, um dos distribuidores afirmou que *"as redes sociais podem ser uma verdadeira prova de fogo".* Isto significa que as reacções nas redes sociais são muito rápidas e que, se a mensagem pretendida não for bem pensada e percebida pelo público como carecendo de entusiasmo, conhecimento e credibilidade, há uma maior probabilidade de este envolvimento nas redes sociais sair pela culatra, com a penalização adicional de prejudicar a imagem de marca do fornecedor.

Alguns dos OEM de iluminação também sentiram que não havia muita coisa a acontecer nas redes sociais relacionada com a tomada de decisões organizacionais B2B porque o ambiente no B2B é diferente, com uma tomada de decisões longa e ponderada.

Os decisores mais velhos, por outro lado, não parecem estar convencidos com a utilização das redes sociais. A prova disso é a citação de um fabricante de equipamentos de iluminação que afirmou. "Sinto que as pessoas nas empresas utilizam as redes sociais apenas para melhorar o seu perfil individual ou para procurar o seu próximo emprego ." Isto pode ser verdade, mas continua a ser apenas uma visão limitada das utilizações das redes sociais, o que pode dever-se à falta de conhecimento das utilizações e benefícios das redes sociais no contexto empresarial B2B. O investigador obteve uma visão semelhante durante a revisão da literatura, onde se verificou que os profissionais de marketing B2B se debatem com a implementação bem sucedida das estratégias das redes sociais B2B devido, em parte, à falta de compreensão académica e prática do fenómeno (Swani e Brown, 2011).

A maioria dos OEM e distribuidores de iluminação depende significativamente dos seus computadores portáteis para a tomada de decisões diárias. Um dos OEM que preferia os tablets referiu que *"a facilidade de ligação instantânea e a rápida conetividade de dados permitem decisões mais rápidas".* Isto indica claramente a relevância dos meios digitais, incluindo os tablets, no contexto empresarial B2B moderno. Os OEM do sector da iluminação também possuem um telemóvel inteligente, mas consideram que o tamanho do ecrã do telemóvel o prejudica por não mostrar todos os dados necessários num único ecrã.

O telemóvel inteligente ajuda a descobrir os factos inicialmente e depois o OEM pode ir ao sítio Web da empresa do fornecedor. Os telemóveis inteligentes podem ser utilizados para recolher informações. "*No mundo empresarial, as decisões são mais ponderadas, complexas e passam por várias iterações, não acontecem com um simples toque numa aplicação!"*, opinou um OEM durante a entrevista, o que demonstrou que os telemóveis inteligentes não são tão preferidos para a tomada de decisões B2B.

7.8 Iluminação LED e redes sociais

"A iluminação LED e as redes sociais andam de mãos dadas". A maioria dos OEM era da opinião de que seria esse o caso, embora nem todos tivessem uma compreensão exacta de como isso aconteceria. Uma opinião semelhante pode ser recordada na análise da literatura, onde o investigador descobriu (Jaywerdhana et al , 2012) que existe uma falta de clareza relativamente aos objectivos comerciais ideais para as redes sociais no sector B2B e, mais importante ainda, relativamente à forma como o aparecimento das redes sociais afectou os objectivos de marketing digital como um todo. Um dos distribuidores de iluminação durante a entrevista disse: "Andam de mãos dadas; alguns clientes querem partilhar as histórias e aprender com os outros, pois estão abertos a novas aprendizagens e a melhorar!" Isto mostra que as redes sociais funcionam como uma plataforma de aprendizagem para a nova tecnologia LED, permitindo que os clientes partilhem as suas opiniões sobre aspectos específicos da tecnologia LED e estabeleçam um diálogo significativo com outras pessoas no domínio da iluminação LED.

Quando os OEM foram questionados sobre as suas ideias para simplificar a tomada de decisões, os OEM foram da opinião de que as aplicações em smartphones poderiam ser o caminho a seguir para algumas das ofertas de produtos e serviços. A maioria dos OEM considerou que as aplicações actuariam como facilitadores para ajudar os OEM de iluminação e os seus clientes a compreenderem melhor um determinado produto ou tecnologia LED, permitindo uma tomada de decisões mais sólida e ponderada.

Um dos OEM teve a ideia criativa de ter páginas amarelas em linha, onde os principais decisores tinham sempre acesso aos fornecedores de uma determinada tecnologia e ao pessoal de vendas; esta ideia poderia ser alargada aos utilizadores finais, tornando todo o processo sem problemas. No entanto, por outro lado, um dos distribuidores de comentou: *"As aplicações são boas para os clientes que não dispõem de demasiada informação técnica. As aplicações poderiam funcionar como uma ponte para o sítio Web da empresa para obter informações mais pormenorizadas sobre produtos específicos".* Isto mostrou as inadequações das aplicações, uma vez que a tomada de decisões sobre iluminação LED B2B envolve muitas iterações, incluindo variações nas especificações técnicas para uma série de produtos e segmentos de aplicação. No entanto, a análise da literatura aponta para o facto de os comerciantes B2B seguirem geralmente diferentes estratégias de comunicação de marca e de marketing (Johnston et al 2007).

8 Resumo da análise

Os OEM de iluminação assistiram a uma evolução da dinâmica da indústria da iluminação em termos de tecnologia, pontos de preço e maiores esforços de marketing por parte dos fornecedores, que fazem parte de factores orientados para a tarefa. Os OEM estão a trabalhar em novas tecnologias em que existe uma maior perceção do risco, o que resulta numa maior afinidade da marca com a conceção de novos produtos.

8.1 Evolução da indústria da iluminação

Os OEM consideram que a tecnologia LED está a evoluir tão rapidamente que lhes é difícil incorporar sempre a tecnologia mais recente no ciclo de conceção dos seus produtos. A implicação deste facto nas decisões de compra é que os OEM precisam de avaliar constantemente a tecnologia e os roteiros de vários fornecedores para se certificarem de que estão a comprar a tecnologia mais recente. Verificou-se que as normas de iluminação desempenham um papel crucial na tomada de decisões B2B, uma vez que influenciam o tipo de tecnologia que o OEM pode adquirir. Os distribuidores eram de opinião que as empresas com uma elevada quota de mercado estavam numa posição mais forte para obter melhores acordos comerciais dos seus fornecedores. Este facto foi salientado pelo quadro das Cinco Forças de Porter (1980) na análise da literatura. Os OEM estão cada vez mais atentos às marcas e preferem recorrer a fornecedores bem conhecidos quando selecionam a tecnologia LED. A TQM e as parcerias com fornecedores são cada vez mais relevantes para os OEM nas suas discussões com os fornecedores. Algumas empresas sentem-se ameaçadas pelas parcerias com fornecedores porque podem perder para empresas maiores, o que foi evidenciado pelo investigador na análise da literatura através das Cinco Forças de Porters (1980).

8.2 Factores orientados para a tarefa

O preço, a qualidade e a fiabilidade surgiram de forma consistente durante as entrevistas. Os OEM opinaram que estes factores eram de grande influência como parte dos factores orientados para a tarefa. As suas opiniões sobre os factores ambientais eram semelhantes às que o investigador encontrou ao rever a literatura de Sheth (1973) como um dos elementos que influenciam a tomada de decisões. Os objectivos organizacionais também desempenharam um papel importante na influência da tomada de decisões dos OEM; estipularam os limites dentro dos quais os OEM tinham de operar. O processo de tomada de decisão não é visto como um processo linear pelos OEMs e este feedback é o segundo da revisão da literatura feita pelo investigador, em que o modelo adaptado de Sheth (1973) dá uma visão mais profunda da natureza não linear da tomada de decisão numa organização B2B. As implicações da tomada de decisão não linear são que os fornecedores precisam de estar bem cientes das diferentes caraterísticas que influenciam a tomada de decisão e estar preparados com estratégias altamente dinâmicas e adaptáveis.

8.3 Factores não orientados para a tarefa

Os fabricantes de equipamento original consideraram que as relações interpessoais e os conhecimentos dos vendedores eram alguns dos principais factores não orientados para a tarefa que influenciam a tomada de decisões, tal como o investigador constatou durante a análise da literatura. A exposição "Light and Building" foi a exposição mais popular em que a maioria dos OEM participou para promover os seus produtos e obter conhecimentos de mercado sobre concorrentes. Alguns OEM integraram com êxito a tecnologia da informação no seu processo de tomada de decisões, tornando todo o processo transparente. A cadeia de abastecimento, o design, a logística e os sistemas de vendas, bem como as ferramentas de CRM, foram interligados para permitir tempos de reação mais rápidos ao mercado. Os OEM opinaram que, com a tecnologia LED, o sector assistirá ao desenvolvimento de mais parcerias porque, com uma tecnologia relativamente nova, os riscos são maiores e uma parceria de fornecedores pode ajudar, orientar e aconselhar os OEM sobre a melhor utilização e aplicação da tecnologia. Este facto complementa o que o investigador encontrou na análise da literatura de (Kauffmann, 1994; Lehmann & O'Shaughnessy, 1974; Moller & Laaksonen, 1986; Levitt, 1965; Shaw et al, 1989), que opinou que as novas tecnologias favoreciam, na maioria dos casos, marcas bem conhecidas.

A implicação deste facto para a iluminação LED é que os fornecedores que têm uma maior perceção da marca no mercado são vistos como uma melhor escolha quando se toma uma decisão de compra de iluminação LED. No que respeita ao aprovisionamento global, os OEM eram da opinião de que, com a tecnologia LED, os pontos de preço eram semelhantes em todo o mundo. No entanto, os OEM opinaram que beneficiaram ao trabalhar com fabricantes que os apoiaram com produtos da Europa, uma vez que isso permitiu uma conceção e um tempo de resposta mais rápidos para estes OEM, em comparação com outros concorrentes do sector que dependiam de fornecedores do Extremo Oriente.

8.4 Media e marketing digital

A Internet parece desempenhar um papel crucial em geral e é, por defeito, uma ferramenta de qualificação pré-venda. Alguns dos OEM consideram que os conhecimentos do vendedor são insubstituíveis, uma vez que os sítios Web não são actualizados regularmente e que o vendedor está mais bem informado sobre os produtos e os roteiros tecnológicos.

8.5 Impacto das redes sociais na tomada de decisões

Os OEM eram de opinião que a utilização dos meios de comunicação social ainda se encontrava numa fase incipiente e não era tão aplicável ao negócio B2B como ao B2C, enquanto os distribuidores consideravam que os meios de comunicação social eram cada vez mais relevantes, especialmente na tomada de decisões B2B em que estava envolvida a iluminação arquitetónica, uma vez que os OEM podiam envolver-se emocionalmente com o ponto de vista do utilizador final sobre elementos criativos e consideravam que isto podia ser facilmente conseguido utilizando os meios de comunicação social e as tecnologias digitais.

Os decisores mais jovens destas organizações eram da opinião de que era vital interagir com os clientes e participar em debates significativos nos canais das redes sociais. Na sua opinião, tal resultaria na procura de informações sobre o produto no sítio Web, o que poderia potencialmente conduzir a vendas e parcerias comerciais. Alguns dos OEM também opinaram que existe uma falta de vontade, consciencialização e compreensão dentro da sua própria empresa em relação às redes sociais.

Este ponto de vista complementa o que o investigador viu através da revisão da literatura: os profissionais de marketing estão a lutar para ter sucesso na aplicação das redes sociais, tal como salientado por Sharma e Walter (2002), bem como por Swani e Brown (2011). No entanto, a maioria dos OEMs admitiu mais tarde que as redes sociais seriam cada vez mais importantes para comunicar as suas mais recentes e inovadoras luminárias LED aos utilizadores finais, mas não tinham a certeza de como iriam implementar as redes sociais para o conseguir. Isto corresponde ao que o investigador evidenciou durante a revisão da literatura, em que Jayawerdhana et al (2012) aponta para a falta de clareza na implementação das redes sociais em domínios B2B.

9 CONCLUSÃO

O investigador procederá à apresentação da conclusão, analisando a forma como cada objetivo individual foi atingido durante a investigação.

9.1 Objetivo 1:

Estabelecer o papel dos meios digitais no comportamento de compra B2B.

Durante as entrevistas, o investigador ficou a saber, através das reacções dos OEM, que a Internet desempenha um papel crucial ao proporcionar um acesso mais rápido à informação devido ao aumento da velocidade de comunicação, o que permite decisões de compra mais rápidas.

A utilização de meios digitais parece reduzir substancialmente os custos de transação com uma maior rapidez de resposta e apoio à iluminação dos OEM. Muitos OEM utilizam a Internet e outros meios digitais como ferramenta de qualificação pré-venda. No entanto, os OEM prestam uma atenção significativa aos elementos pessoais, por exemplo, ao contacto direto com o pessoal de vendas. Foi evidente que os OEM do sector da iluminação consideram a tomada de decisões B2B um processo longo e bem ponderado e, como tal, os meios digitais funcionam apenas como uma ajuda para permitir a sua tomada de decisões. Este foi também o ponto de vista evidenciado durante a revisão da literatura, em que autores como Swani e Brown (2011), Sharma e Walter (2002) apresentam pontos de vista semelhantes. Os meios digitais, como os computadores portáteis e os tablets, foram os preferidos para a tomada de decisões de compra, enquanto os smartphones foram preferidos para uma rápida pesquisa de informações sobre os produtos em movimento. No entanto, os smartphones não foram os preferidos para a tomada de decisões devido ao tamanho comparativamente pequeno do ecrã.

9.2 Objetivo 2a:

Analisar as decisões de compra dos OEM de LED do Reino Unido.

Os OEM estão cada vez mais conscientes da tecnologia de iluminação LED, tanto a nível técnico como comercial. A marca desempenha um papel crucial na seleção da tecnologia LED, uma vez que esta ainda é considerada mais arriscada por ser uma tecnologia relativamente nova. "*As pessoas vêem-nos como uma marca, por isso não podemos correr o risco de perder a nossa credibilidade no mercado*", referiu um dos entrevistados, sublinhando a importância da marca. Os regulamentos e as normas de iluminação são um requisito obrigatório na conceção de iluminação e os OEM têm de se certificar de que cumprem as rigorosas estipulações quando decidem comprar uma tecnologia LED. "*As normas de iluminação afectam-nos. Os esquemas governamentais de financiamento e eficiência energética afectam-nos, uma vez que podemos obter um incentivo ou desconto para o nosso design de iluminação.*" Esta é a opinião de alguns dos OEM de iluminação, cujas implicações para o fornecedor são a necessidade de se prepararem para quaisquer alterações futuras nas normas de iluminação que possam afetar a conceção e o fabrico dos seus produtos, o que, por sua vez, pode afetar o tempo de chegada ao mercado e, consequentemente, as vendas. Por outro lado, dois dos OEM do sector da iluminação foram de opinião que *"a conceção da iluminação mudou para módulos LED, uma vez que qualquer pessoa que fabrique um módulo de lâmpada é um fabricante de lâmpadas. O design afastou-se das normas e dos factores de forma rígidos"*. Isto reflecte o facto de a flexibilidade e a escolha resultantes do abandono destas normas terem aberto as oportunidades de uma forma enorme para os OEM de iluminação. Podem agora adquirir os seus produtos a uma variedade de fornecedores diferentes, uma vez que o mercado está a assistir a um afluxo de novos intervenientes com a mais recente tecnologia LED. Com a evolução do mercado da iluminação, os OEM têm encontrado cada vez mais novas opções de fornecedores de LED. Esta evolução conduziu à disponibilidade de novas tecnologias a preços diferenciados, proporcionando aos OEM uma maior flexibilidade e escolha.

O fornecimento global é algo que os OEM de iluminação não consideram aplicável à tecnologia LED, uma vez que os pontos de preço são quase semelhantes quando se consideram outros custos incorporados de transporte, frete aéreo, seguro e elementos de garantia. Este sentimento é corroborado pelos comentários de um OEM do sector da iluminação que afirma: *"Há alguns anos, íamos ao Extremo Oriente para obter preços baixos, mas isso mudou hoje em dia! Os fornecedores do Reino Unido e da UE estão a oferecer preços competitivos. Assim, não é necessário comprar na China. No entanto, alguns produtos estão a tornar-se comoditizados. Alguns produtos que hoje são especializados acabariam por se tornar produtos de base"*. Isto dá uma ideia de como poucos OEMs estão a encarar o aprovisionamento global. Mas a implicação deste facto para os fornecedores europeus é garantir que se mantêm competitivos na tecnologia LED e não caem na mesma armadilha que se verificou na tecnologia de iluminação tradicional, em que a maioria dos produtos adquiridos pelos OEM de iluminação eram provenientes da Ásia devido aos preços mais baixos.

No que respeita à TQM e às parcerias com fornecedores, os OEM estão mais interessados do que antes em analisar e estabelecer relações com fornecedores que conduzam a parcerias a longo prazo. A partir da análise da literatura, pode verificar-se que McQuinston (2004) sugere que o desejo de estabelecer uma relação com uma empresa com uma reputação sólida se deve ao aumento do risco percebido das ofertas de produtos geralmente tecnicamente complexos. Considera-se também que os OEM preferem trabalhar com marcas bem conhecidas, de modo a mitigar os riscos associados à utilização da nova tecnologia LED.

9.2.1 Objetivo 2b:

Em que medida é que os meios digitais desempenham um papel na tomada de decisões?

Os meios digitais estão entrelaçados na atividade comercial diária dos OEM de iluminação. Os OEM de iluminação B2B não são influenciados pelo conteúdo que vêem nos meios digitais. No entanto, os OEM do sector da iluminação utilizam o conteúdo dos meios digitais como uma ferramenta de qualificação pré-venda para discussões posteriores com os seus fornecedores. Assim, os meios digitais desempenham um "papel de facilitador" na tomada de decisões. Os decisores mais velhos não estavam tão interessados em utilizar as redes sociais, o que se devia à falta de conhecimento sobre as utilizações e as vantagens das redes sociais. Isto significa que não estavam conscientes de como as discussões nas redes sociais poderiam permitir um ciclo de compra mais significativo para os OEMs de iluminação. Os decisores mais jovens das organizações OEM eram mais propensos às redes sociais e utilizavam frequentemente redes sociais como o LinkedIn.

Os fóruns de discussão no LinkedIn ajudaram os OEMs de iluminação a comparar diferentes tecnologias LED e a participar em discussões que facilitam o seu processo de pensamento. Isto, por sua vez, ajudou os OEM de iluminação a manterem-se a par das últimas tecnologias e acontecimentos no mundo da iluminação. Uma vez que os OEM de iluminação tinham uma visão actualizada das tendências da indústria, parecem estar mais bem preparados para tomar a sua decisão sobre a seleção da tecnologia de iluminação LED.

9.3 Objetivo 3:

Apresentar as recomendações para o marketing B2B de LEDs a nível empresarial.

A partir da análise das entrevistas e da revisão da literatura, foram feitas as seguintes recomendações para o marketing B2B dos LEDs, de acordo com a estrutura dos 4 Ps de McCarthy (1975), juntamente com as comunicações integradas de marketing. Para recordar, a estrutura dos 4 Ps inclui produtos, preço, local e promoção.

9.3.1 Produtos

Os fornecedores têm de sensibilizar continuamente os OEM de iluminação para os novos produtos que estão a introduzir, destacando as vantagens claramente definidas. Isto é muito importante, uma vez que existe uma maior concorrência no mercado, tanto para o fornecedor como para o OEM de iluminação. Os OEM terão de analisar continuamente a forma como utilizam os meios digitais, incluindo sítios Web, redes sociais, correio eletrónico, aplicações para smartphones e tablets, para que a sua mensagem seja notada pelos utilizadores finais. Os profissionais de marketing terão de avaliar continuamente a forma como podem utilizar os meios digitais para comunicar o lançamento de novos produtos, criar uma atração para o utilizador final e permitir a venda de soluções OEM (que incorporam tecnologia LED) a esses utilizadores finais.

9.3.2 Preço

Os fornecedores têm de avaliar constantemente a evolução da dinâmica dos preços da iluminação LED e manter-se atentos ao mercado para detetar os preços dos concorrentes. A indústria da iluminação LED está a assistir a uma queda de preços de mais de 20% por ano e esta queda de preços pode não ser sustentável para alguns fornecedores. O preço que os profissionais de marketing atribuem a um produto ou serviço, segundo Hutt e Speh (1998), é um dos muitos factores analisados pelo comprador organizacional. A chave é analisar as diferentes ofertas de serviços de valor acrescentado e uma abordagem de soluções para aumentar o volume de negócios quando as margens de lucro estão a diminuir a um ritmo acelerado.

9.3.3 Local

Os fornecedores tendem a vender as suas soluções de iluminação LED em reuniões presenciais com os clientes. Os fornecedores também utilizam plataformas digitais para permitir a venda de soluções LED, uma vez que o "local" está a adquirir um significado diferente, passando de lugares geograficamente delimitados para a esfera virtual. Isto significa que se poupa tempo e dinheiro. Utilizam os meios digitais, incluindo a Internet, os smartphones, o correio eletrónico e as redes sociais. O que é claro é que o fornecedor precisa de garantir que a mensagem para o mercado é coerente em todas estas plataformas digitais. É também crucial que os fornecedores integrem o feedback do OEM para garantir que os requisitos do OEM estão a ser cumpridos em todas as áreas. Por isso, é imperativo que o fornecedor tenha um sistema de auditoria que forneça feedback sobre actualizações regulares do desempenho para planeamento futuro.

9.3.4 Promoção

Exposições de iluminação, revistas, catálogos, sítios Web, redes sociais, aplicações para smartphones e tablets: os fornecedores têm de criar uma estratégia de comunicação coerente para todos estes pontos de contacto. O fornecedor precisa de garantir a participação em exposições importantes como a Light and Building em Frankfurt e a Lux Live no Reino Unido. Estas feiras oferecem um bom terreno para o lançamento de novos produtos, que têm um forte impacto na estratégia promocional geral.

9.3.5 Comunicações Integradas de Marketing

O conteúdo das redes sociais, como o LinkedIn, o Twitter e os blogues, tem de ser cuidadosamente coordenado com o conteúdo dos meios de comunicação impressos. Como a tecnologia LED está a evoluir rapidamente, é fundamental que os fornecedores forneçam as informações mais recentes aos OEM de iluminação através da utilização de meios digitais. O objetivo é garantir que não haja atrasos no fornecimento das informações mais recentes aos clientes sobre a tecnologia mais recente. Deste modo, o OEM de iluminação pode apresentar a sua proposta ao utilizador final com a tecnologia mais atual.

9.4 Objetivo 4:

Analisar as implicações para o sector da iluminação B2B

As implicações da iluminação LED e das redes sociais para o sector da iluminação são imensas, tendo em conta que o mercado da iluminação sempre foi muito tradicional e que as mudanças tecnológicas demoram entre 15 e 20 anos. As implicações para o sector da iluminação são as seguintes As empresas que não adoptarem uma estratégia integrada de comunicação de marketing que envolva as redes sociais terão dificuldade em competir num mundo cada vez mais digitalizado.

A sensibilização para as redes sociais, os benefícios e as utilizações das redes sociais terão de ser transmitidos como parte do currículo de formação a todo o pessoal. Isto é importante para que haja um nível comum de compreensão, independentemente da função. Se tal não for feito, as empresas que utilizam as redes sociais podem ter uma vantagem competitiva sobre os OEM que não utilizam as redes sociais.

Um dos OEM opinou que *"os meios de comunicação social podem ser uma verdadeira prova de fogo"*. Trata-se de uma fonte de informação útil. As redes sociais são utilizadas para uso pessoal. As empresas que estão a ter bons resultados são capazes de tirar partido das relações pessoais. Se for um retalhista de rua, o meu amigo pode dizer: *"Vamos ver esta coisa fantástica na John Lewis"*. O ambiente no B2B é diferente, com uma tomada de decisão longa e ponderada. A implicação disto é que as redes sociais têm as suas limitações e, como tal, a sua aplicação pode variar consoante os diferentes segmentos da indústria da iluminação.

A tecnologia LED está a evoluir rapidamente, o que significa que a indústria da iluminação precisa de ser flexível a esta mudança e de criar planos dinâmicos, incorporando simultaneamente a tecnologia LED no lançamento dos seus produtos. As empresas de iluminação beneficiariam com a criação de uma comunidade de entusiastas ou campeões no mundo digital para ajudar a difundir a mensagem sobre os benefícios da tecnologia LED. Isto, se for feito de uma forma bem pensada e sustentada, ajudará a construir comunidades fortes baseadas no conhecimento que permitirão um diálogo significativo, o que resultará numa adoção catalisada da tecnologia de iluminação LED pelo mercado em vários segmentos de aplicação.

A secção seguinte será uma breve reflexão do investigador sobre os resultados, a análise dos dados e a conclusão que foram elaborados com base na investigação primária e secundária.

9.5 Reflexão

A investigação permitiu ao investigador desenvolver uma compreensão mais profunda do comportamento de compra na indústria de iluminação B2B, incluindo os factores que influenciam a decisão de compra de produtos de iluminação LED pelos OEM no Reino Unido. A marca da tecnologia LED continua a desempenhar um papel significativo nas decisões de compra; esta conclusão foi ainda reforçada pela análise da literatura efectuada pelo próprio investigador. O preço e a qualidade foram reafirmados como os principais factores orientados para a tarefa, em comparação com a análise da literatura. O investigador não ficou surpreendido ao constatar que os OEM não tinham competências de implementação das redes sociais na tomada de decisões B2B. Isto pode dever-se ao facto de a natureza da indústria da iluminação ser muito tradicional e estar atualmente a ser confrontada com a tecnologia LED disruptiva. No entanto, o que foi surpreendente foi que, apesar de poucos OEMs terem compreendido que os meios de comunicação social e as tecnologias digitais eram elementos importantes nas suas vendas e na tomada de decisões de compra, não tinham um plano para preencher a lacuna nas competências de implementação dos meios de comunicação social nas respectivas organizações.

O investigador verificou que os OEM de iluminação davam uma importância significativa aos conhecimentos do vendedor, atribuindo a este critério uma pontuação média de 9,8 em 10. Isto mostra claramente que é importante que os fornecedores se certifiquem de que os seus funcionários que lidam com o cliente têm um forte conhecimento dos produtos e aplicações da empresa e da forma como estes podem beneficiar os clientes B2B existentes ou potenciais. Além disso, os OEM opinaram que as aplicações para smartphones ajudariam na tomada de decisões, mas não consideraram que se pudesse confiar inteiramente nos smartphones devido ao facto de o seu ecrã ser pequeno e, por conseguinte, não ser possível visualizar toda a informação sobre o produto de uma só vez.

As conclusões do presente estudo de investigação podem ser aplicadas à função atual do investigador, que trabalha como gestor comercial num fornecedor de iluminação.

O investigador planeia partilhar as conclusões com a equipa de marketing para que esta possa criar uma estratégia de marketing abrangente que englobe o estado atual do envolvimento das redes sociais nestes OEM. Isto permitir-lhes-ia simplificar as aplicações das redes sociais e trabalhar no sentido de alcançar um maior nível de consciencialização sobre os benefícios e as aplicações das redes sociais para os OEM de iluminação B2B.

9.6 Investigação futura

O facto de as aplicações para smartphones poderem ajudar na tomada de decisões, que foi uma das conclusões do presente estudo, exigiria uma investigação mais aprofundada. O investigador considera que seria importante, tanto para o meio académico como para a indústria, ver como evolui a utilização das redes sociais no espaço de decisão B2B ao longo de 12-15 meses. Isto permitiria uma análise estruturada para ver os desenvolvimentos ou as mudanças durante um período mais longo. O investigador também considera necessário avaliar as implicações comerciais e de marketing para os OEM de iluminação que utilizam e não utilizam ativamente as redes sociais.

10 Observação final

O investigador conseguiu reunir provas de como a tomada de decisões B2B é influenciada na indústria da iluminação. Uma comparação com a revisão da literatura também realçou as deficiências de alguma da literatura académica, por exemplo, num dos modelos de tomada de decisão, o processo era visto como linear. No entanto, a partir das provas recolhidas nas entrevistas com os OEM, verifica-se que a tomada de decisões é, na maior parte das vezes, um processo não linear.

Os resultados da investigação permitirão aos profissionais de marketing personalizar as ofertas utilizando as redes sociais e as ferramentas de marketing tradicionais de forma mais eficaz para permitir a tomada de decisões em alguns dos segmentos da indústria da iluminação, incluindo a iluminação arquitetónica, de retalho e de escritório. No entanto, esta aplicação dos resultados também pode ser acelerada se os OEM de iluminação tiverem um campeão das redes sociais na organização que actue como catalisador na implementação de estratégias de redes sociais para as soluções baseadas em iluminação LED. O investigador considera que as conclusões também ajudarão a desenvolver novas aplicações inovadoras em smartphones e outros meios digitais para melhor envolver e transmitir conhecimentos aos OEM de iluminação. Por fim, a maioria dos OEM de iluminação opinou que a iluminação LED e as redes sociais andariam de mãos dadas, o que significa a importância do marketing.

11 REFERÊNCIAS

Ahearne, M.; Jelinek, R. & Rapp, A. (2005). Moving beyond the direct effect of SFA adoption on salesperson performance: Training and support as key moderating factors. Industrial Marketing Management, 34(A), 379-388.

Anderson, J. C. & Narus, J. A. (1990). A model of distributor firm and manufacturer firmworking partnership. Journal of Marketing, 54(1), 42-58.

Assael, H. (2004). Comportamento do consumidor. A Strategic Approach. Houghton Mifflin Company: Boston

Avlonitis, G. J. & Panagopoulos, N. G. (2005). Antecedentes e consequências da aceitação da tecnologia CRM na força de vendas. Industrial Marketing Management, 34(A), 355-368.

Ballantyne, D. & Aitken, R. (2007). Branding em mercados B2B: Insights from the service-dominant logic of marketing. Journal of Business & Industrial Marketing, 22(6), 363-371.

Berthon, P.; Lane, N.; Pitt, L. & Watson, R. T. (1998). A world wide web como ferramenta de comunicação de marketing industrial: Modelos para a identificação e avaliação de oportunidades. Journal of Marketing Management, 14, 691704.

Brand, G. T. (1972). The Industrial Buying Decision, Nova Iorque: Wüey.

Brown, B. P.; Danny, N.; Bellenger, D.N.; Johnston, W.J. (2007). The Implications of Business-to-Business and Consumer Market Differences for B2B Branding Strategy", a publicar no Journal of Business Market Management.

Bonnemaizon, A.; Cova, B.; & Louyot, M.C. (2007). Marketing de Relacionamento em 2015: A Delphi Approach. European Management Journal, 25(1), fevereiro, 50-59.

Buehrer, R. E.; Senecal, S. & Pullins, E. B. (2005). Sales force technology use reasons, barriers, and support: An exploratory investigation. Industrial Marketing Management, 34(A), 389-398.

Chircu, A. M.; Kauffman, R.J. (1999). Strategies for Internet Middlemen in the Intermediation/Disintermediation/Reintermediation Cycle (Estratégias para intermediários da Internet no ciclo de intermediação/desintermediação/reintermediação). *Mercados electrónicos* **9** (1-2)

Clarke, A. (2007). An assessment of supplier development practices in a retail environment with particular reference to boots the chemist. Nottingham: Editora Nottingham.

Climate Group (2012). The rise of LEDs and what it means for cities, *LIGHTING THE CLEAN REVOLUTION* [em linha] Disponível em: www.cleanrevolution.org [Acedido em 10 de junho de 2013].

Constantinides, E. & Fountain, S.J. (2008). Web 2.0: Conceptual Foundations and Marketing

Issues (Fundamentos conceptuais e questões de marketing). Journal of Diret, Data and Digital Marketing Practice, 9, 231-244.

Cohen, L. & Young, A. (2006). Multisourcing: Moving beyond outsourcing to achieve growth and agility. Boston, MA: Harvard Business School Press.

De Chernatony, L. & McDonald, M. (1998). Creating Powerful Brands in Consumer, Service, and Industrial Markets, 2nd ed., Oxford, Inglaterra. Oxford, Inglaterra: Butterworth Heinemann.

De Ruyter, K.; Moorman, L. & Lemmink, J. (2001). Antecedents of Commitment and Trust in Customer-Supplier Relationships in High Technology Markets. Industrial Marketing Management, 30, 271-286.

Denholm, M. (2013). The Massive Potential Lurking in Philips' Earnings Report, *techandinnovationdaily,* [online] Disponível em :http://www.techandinnovationdaily.com/2013/04/22/philips-led-market/ [Acedido em 3 de setembro de 2013].

Drèze, X. & Hussherr, F.X. (2003). Publicidade na Internet: Is anybody watching? Journal of Interactive Marketing, 17(4), 8-23.

Dwyer, F. R. & Tanner, Jr, J. F. (2002). Business marketing; Connecting strategy, relationship and learning (2ª ed.). Nova Iorque: McGraw-Hill.

Ekerete, P. P. (2005). Marketing Industrial. Theory and Practice. Owerri: Springfield Publishers.

Flick, U. (2003). Uma introdução à investigação qualitativa (3 rded). Sage Publications.

Friedman, T.L. (2006). The World Is Flat (Updated And Abridged). London: Penguin.

Garvin, D.A. (1987). Competing on Eight Dimensions of Quality, Harvard Business review. Recuperado em 1 de julho de 2013

General Electric (2012). *History of GE,* [em linha] Disponível em : http://www.ge.com/about-us/history/1878-1904 [Acedido em 2 de junho de 2013].

Geertz, C. (1973). The interpretation of cultures: selected essays. Londres: Fontana Press

Gronhaug, K. (1975). Autonomous vs. Joint Decisions in Organizational Buying, Industrial Marketing Management, 4 (outubro), 265-271.

Gronroos, C. (2010). Uma perspetiva de serviço nas relações comerciais: A criação de valor, a interação e a interface de marketing. Industrial Marketing Management, 40 (1, fevereiro, edição especial sobre a lógica dominante dos serviços nos mercados empresariais), 240-247.

Gubrium, J.F. & Holstein, J.A. (Eds.) (2001). Handbook of interview research. Context and method. Sage Publications.

Hâkansson, H. (1982). Industrial Marketing and Purchasing of Goods. Chichester, Reino Unido:

Wiley.

Halinen, A. & Salmi, A. (2001). Gerir o lado informal da interação comercial: Os contactos pessoais nas fases críticas das relações comerciais.

Actas da 17ª Conferência Anual do IMP Group, Norweigian School of Management BI, edição em CD-Rom, Oslo.

Hatcher, M. (2012). LED lighting's 'best years' will be 2013 to 2017, *Optics.Org,* [online] Disponível em: http:// http://optics.org/indepth/3/2/5 [Acedido em 2 de setembro de 2013].

Hills, B. & C Sarin, S. (2003). From Market Driven to Market Driving: An Alternative Paradigm for Marketing in High Technology Industries, journal of Marketing Theory and Practice, 11{3), 13-24.

Hennig-Thurau, T., Malthouse, E. C, Friege, C, Gensler, S., Lobschat, L., Rangaswamy, A, & Skiera, B. (2010). O impacto dos novos media nas relações com os clientes. Joumal of Service Research, 75(3), 311-330.

Howard, J. A. & Sheth, J. N. (1969). The Theory of Buyer Behavior, Nova Iorque: John Wiley & Sons, Inc.

Hutt, M. D. & Speh, T. W. (1998). Gestão de marketing empresarial; Uma visão estratégica dos mercados industriais e organizacionais. Florida: The Dryden Press.

Jarvinen, J; Tollinen, A; Karjaluoto, H. & Jayawardhena, C. (2012). Digital and social media marketing usage in the B2B industrial selection, *Marketing Management Journal*, 22, 2, pp. 102-117.

Jenkins, H. (2006). Convergence culture: where old and new media collide. Novo

York; Londres: New York University Press

Jobber, David. (2009). Principles and Practice of Marketing, 6th ed., Maidenhead: Maidenhead. Maidenhead: McGraw-Hill Higher Education.

Johnston, W.J.& Lewin, J. E. (1996). Organizational buying behavior: Toward an integrative framework. Journal of Business Research, 35, 1-16.

Jussila, J., Karkkainen, H., & Leino, M. (2011). Possibilidades dos media sociais na interação entre empresas e clientes no processo de inovação. Actas da XXII Conferência ISPIM. Hamburgo, Alemanha.

Kauffmann, R. G. (1994), Influences on industrial buyers' choice of products: Effects of product application, product type, and buying environment, International Journal of Purchasing and Materials Management, Vol. 30, pp. 29-38.

Kerin, R.; Hartley,S. & Rudelius, W. (2012). Conceitos de Marketing, 10ª ed.

Krause, D. R. & Ellram, L. L. (1997). Factores de sucesso no desenvolvimento de fornecedores.

International Journal of Physical and Distribution Logistic Management, 27(1), 39-52.

Kropper, S. (2001). A retention revolution, Mortgage Banking, 61, 12, 54-62.

Kotler, P. (1997). Marketing Management, 7th ed., Englewood Cliffs, NJ: Prentice Hall. Englewood Cliffs, NJ: Prentice Hall.

Kotler, P. & Armstrong, G. (2008). Principles of Marketing, 12th ed., São Paulo, Brasil.

Pearson Education. 636.

Kotler, P. & Waldemar, P. (2006). B2B Brand Management, Berlim: Springer. Heidelberg

Kvale, S. (1996). Entrevistas: An introduction to qualitative research interviewing. Sage Publications.

Lacey, S. (2013). The Path to 80 Percent Market Share for LED Lights, Greentech Media[online] Disponível em :http://www.greentechmedia.com/articles/read/The- Path-to-an-80-Percent-Market-Share-for-LED-Lights[Acedido em 2 de junho de 2013].

LEDinside (2010). Green Energy Trends for 2010: the Compound Annual Growth Rate of LED Light Source Reaches 32% with the Advancement of LED Lighting Technology, *LEDinside,* [online] Disponível em:http://www.ledinside.com/research/2010/1/Green_Energy_20100114 [Acedido em 1st de setembro de 2013].

Lehmann, D. & O'Shaughnessy, J. (1974). Difference in attribute importance for differentindustrial products, Journal of Marketing, Vol. 38 No. 2, pp. 36-42.

10 , S.; Li, J. Z.; He, H.; Ward, P. & Davies, B.J. (2011). WebDigital: Um sistema de automação de conhecimento híbrido-inteligente baseado na Web para o desenvolvimento de estratégias de marketing digital. Expert Systems with Applications, 38(S),10606-10613.

Lichtenthal, J. D. & Eliaz, S. (2002). Internet Integration in Business Marketing Tactics, Industrial Marketing Management, 1-7.

Levitt, T. (1965). Industrial Purchasing Behavior: A Study of Communications Effects, Universidade de Harvard, Boston, MA Division of Research, Graduate School of Business Administration,

Long, M. M.; Tellefsen, T. & Lichtenthal, J. D. (2007). Integração da Internet no processo de venda industrial: Uma abordagem passo-a-passo. Industrial Marketing Management, 36(5), 676-689.

McNamara, C. (1999). Diretrizes gerais para a realização de entrevistas. Minnesota.

Manchanda, P.; Dubé, J.P.; Goh, K. Y. & Chintagunta, P. K. (2006). The effect of banner advertising on Intemet purchasing. Journal of Marketing Research, 43(1),98-108.

Market Watch (2013). Mercado global de iluminação inteligente (2013 - 2018) por componente (sensores, controladores, chipsets, outros); tipo de iluminação (LED, FL, CFL, HID); conetividade (com fios, sem fios); aplicação (comercial, industrial, pública, governamental, residencial) e geografia [online] Disponível em: http://www.marketwatch.com/story/global-smart-lighting-market-

2013-2018- by-component-sensors-controllers-chipsets-others-lighting-type-led-fl-cfl-hid-connectivity-wired-wireless-application-commercial-industrial-public- government-2013-03-14 [2 de setembro de 2013].

Martilla, J. A. (1971). Word-of-Mouth Communication in the Industrial Adoption Process, Journal of Marketing Research, 8 (maio), 173-178.

Maslow, A.H. (1954). Motivation and Personality (Motivação e Personalidade). Nova Iorque: Harper & Row, pp. 80-106.

McQuiston, D. H. (1989). Novelty, complexity, and importance as causal determinants of industrial buyer behavior. Journal of Marketing, 53, 66-79.

McQuiston, D. H. (2004). Successful Branding of a Commodity Product: The Case of RAEX LASER Steel, Industrial Marketing Management, 33, 345-54.

Microsoft (2010). O que são os media digitais? *Microsoft,* [em linha] Disponível em : http://technet.microsoft.com/en-us/library/what-is-digital-media-2.aspx [Acedido em 2 de setembro de 2013].

Minett, S. (2002). Marketing B2B: A Radically Different Approach for Business-to- Business Marketers. Londres: Pearson Education Limited.

Moller, K. E. & Laaksonen, M. (1986). Situational dimensions and decision criteria in industrial buying: Theoretical and empirical analysis. In: Woodside, A., ed., Advances in Business Marketing, Greenwich, CT: JAI Press, pp. 163-207.

Monczka, R. M.; Peterson, K. J.; Handfield, R. B. & Ragatz, G. L. (1998).

Factores de sucesso em alianças estratégicas de fornecedores. Decision Science, 29(3), 553577.

Mudambi, S. (2002). 'Importância da marca nos mercados business-to-business Três grupos de compradores', Industrial Marketing Management, 31, 6, pp. 525-533, Business Source Complete, EBSCOhost, visualizado em 8 de julho de 2013

Naude, P. & Holland, C. P. (2004). The Metamorphosis of Marketing into an Information-handling Problem. Journal of Business & Industrial Marketing, 39(3), 167-177.

Patton, M. Q. (2002). Qualitative research and evaluation methods. Thousand Oaks, CA: Sage.

Patchen, M. (1974). The Locus and Basis of Influence in Organizational Decisions, Organizational Behavior and Human Performance, 11 (abril), 195-211.

Pettigrew, A. M. (1975). The Industrial Purchasing Decision as a Political Process, European Journal of Marketing, 9 (março), 4-19.

Piercy, N.F. (2010). Evolução das organizações de vendas estratégicas no marketing business-to-business. Journal of Business & Industrial Marketing, 25(5), 349359.

Porter, M.E. (1980). Competitive Strategy, Free Press, Nova Iorque, 1980

Richeson, L. C. W. & Tamer, Jr., J. W. (1995). The effect of communication on the linkages between manufacturers and suppliers in Just-in-time environments. International Journal of Purchasing and materials management, 75(Winter), 21-29.

Robinson, P. J.; Faris, C. W. & Wind, Y. (1967). Industrial buying and creative marketing. Boston, MA: Allyn and Baeon.

Rosenberg, N. (1972). Factors Affecting the Diffusion of Technology. Explorations in Economic History, Vol. 10(1), pp. 3-33. Reimpresso em Rosenberg, N. (1976), Perspectives on Technology, Cambridge: Cambridge University Press, pp. 189-212.

Rosenbloom, B. (2007). Estratégia multicanal nos mercados business-to-business: Prospects and problems. Industrial Marketing Management, 36(1), (4-9)

Ronchi, S. (2011). Collaborative Markets in B2B Relationships", *Supply Chain Forum: International Journal*, 12, 3, pp. 22-34, Business Source Complete, *EBSCOhost*, consultado em 8 de setembro de 2013

Sarin, S. & Mohr, J.J. (2008). An Introduction to the Special Issue on Marketing High- Technology Products, Services and Innovations. Industrial Marketing Management, 37(6), 626-628.

Sarantakos, S. (1994). Social Research, Londres: Sage.

Saunders, M.N.K.; Lewis, P. & Thornhill, A. (2009). Research Methods for Business Students, 5ª ed., Harlow, Financial Times Prentice Hall.

Slator, S. & Olson, E. (2002). Um novo olhar sobre a análise da indústria e do mercado. Business Horizons. janeiro-fevereiro.

Singha, R. & Koshyb, A. (2011). Does salesperson's customer orientation create value in B2B relationships? Empirical evidence from India. Industrial Marketing Management, 40(1), 78-85.

Shaw, J.; Giglierano, J. & Kallis, J. (1989). Marketing de produtos técnicos complexos: The importance of intangible attributes, Industrial Marketing Management, Vol. 18, no. 1, pp. 45-53.

Sheth, J. (1973). A Model of Industrial Buyer Behaviour, Journal of Marketing, 37, 50-56.

Shapiro, B. P. & Jackson, B. B. (1978). Industrial Pricing to meet customer needs. Harvard Business Review, 125-132.

Sharma, A. (2002). Trends in Internet-based business-to-business marketing. Industrial Marketing Management, 31(2), 77-84.

Sood, S.C. & Pattinson, H.M. (2006).The Open Source Marketing Experiment: Using Wikis to Revolutionize Marketing Practice on the Web.

"Actas da 22ª Conferência do Grupo Industrial e de Compras (IMP) Opening the Network": New perspectives in Industrial Marketing and Purchasing" (em CD). Milão, Itália: Grupo IMP.

Strauss, A., & Corbin, J. (1998). Fundamentos da investigação qualitativa: Grounded theory procedures and techniques (2ª Ed.). Newbury Park, CA: Sage.

Styles, C & Ambler, T. (2003). A coexistência do marketing transacional e relacional: Insights from the Chinese business context. Industrial Marketing Management, 32,633-642.

Swani, K. & Brown, B. P. (2011). The Effectiveness of social media messages in organizational buying contexts (A eficácia das mensagens dos media sociais em contextos de compra organizacional). Associação Americana de Marketing

Trent, R. J. & Monczka, R. M. (2003). Understanding integrated global sourcing. International Journal of Physical Distribution and Logistics Management, 3(7), 607-629.

Walters, P. G. P. (2008). Acrescentar valor nas cadeias de abastecimento B2B globais: Strategic diretions and the role of the internet as a driver of competitive advantage. Industrial Marketing Management, 37(1), 59-68.

Weigand, R. E. (1968). Why Studying the Purchasing Agent is Not Enough, Journal of Marketing, 32 (janeiro), 41-45.

Weber, L. (2007). Marketing to the Social Web: How Digital Customer Communities Build Your Business. Hoboken, NJ: John Wiley & Sons Inc

Welling, R. & White, L. (2006). Web site performance measurement: promise and reality. Managing Service Quality, 16(6), 654-670.

Webster, F.E. & Wind, R. A. (1972). General Model for Understanding Organizational Buying Behavior (Modelo geral para compreender o comportamento de compra organizacional). The Journal of Marketing, Vol. 36, No. 2, pp. 12-19

Wilson, D. & Vlosky, R. (1998). Interorganizational Information System Technology and Buyer-Seller Relationships. Journal of Business & Industrial Marketing, 13(3), 215-234.

Wymbs, C. (2011). Marketing digital: Chegou o momento de criar uma nova "especialização académica". Journal of Marketing Education, 55(1), 93-106.

12 APÊNDICE

12.1 Perguntas da entrevista

Um estudo de marketing - Factores que afectam o comportamento do comprador B2B na iluminação LED

1. As perguntas da entrevista serão feitas por telefone ou pessoalmente.
2. Todas as conversas telefónicas e reuniões presenciais são gravadas para serem anotadas e estão à disposição do entrevistado.
3. Confidencialidade - Todos os nomes e nomes de empresas serão anónimos.
4. Uma cópia do relatório pode ser fornecida mediante pedido.

Introdução

1. Qual é o seu nome?
2. Qual é o seu cargo?
3. Em que empresa trabalha?
4. Há quanto tempo trabalha nesta função?

Dinâmica da indústria da iluminação

5. Na sua opinião, como é que o sector da iluminação e a empresa evoluíram nos últimos 5 anos?
6. Os regulamentos governamentais afectam o seu processo de decisão e de compra? Em caso afirmativo, como?
7. A tendência para o aprovisionamento global tem impacto no seu processo de tomada de decisões? Se sim, como?
8. Como é que esta evolução da tecnologia influenciou a sua tomada de decisão na compra de produtos LED?
9. Como é que as forças competitivas no sector da iluminação LED e no sector da iluminação geral afectaram a sua tomada de decisões?
10. Ao tomar uma decisão de compra de uma solução de iluminação, que influência têm os diferentes países com tecnologias concorrentes na sua decisão?

Critérios de tomada de decisão

11. Que critérios são mais importantes para si quando compra produtos LED? E quais são os critérios menos importantes?

Processo de tomada de decisão

12. Que passos segue para chegar a uma decisão final sobre qual o produto LED a comprar? Existem alguns

passos que são sempre necessários para si? (Por exemplo, uma teoria define 8 passos: reconhecimento da necessidade/consciência do problema, definição das caraterísticas e da quantidade, desenvolvimento de especificações, procura e qualificação de fornecedores (descoberta), solicitação de propostas ou orçamentos, avaliação das propostas e seleção de fornecedores, seleção de uma rotina de encomendas, avaliação do desempenho e feedback (validação)

Chip de LED ou controlador de LED. Quanto tempo é que estas etapas envolvem e se alguma delas tem uma prioridade especial para si?

13. Quais são os seus critérios de avaliação pós-compra?

Factores de influência na tomada de decisões B2B

14. Que impacto tem a estrutura organizacional ou a hierarquia no seu processo de decisão de compra B2B?

15. A que tipo de fontes de informação recorre para ajudar na sua decisão de compra?

16. Quais as feiras a que assiste que o ajudam na seleção de produtos e no processo de tomada de decisões?

17. Qual é o papel que vê ser desempenhado pelas parcerias com fornecedores e pela gestão da qualidade total?

18. Que papel desempenha a tecnologia da informação no seu processo de tomada de decisões?

19. Qual a importância do conhecimento do produto e do sector por parte do vendedor, numa escala de 1 a 10? Que efeito tem no seu processo de tomada de decisão?

Meios digitais

20. Que papel desempenha a "Internet" na sua tomada de decisões?

21. Qual é o impacto direto dos meios digitais na sua decisão de compra?

22. A que meios digitais recorre em particular?

23. Sítios Web de fabricantes, linkedin, tweeter . Tweeta?

24. Que suporte digital tende a utilizar? Tablets, telemóveis inteligentes, computadores portáteis? O que funciona melhor para si?

25. Tem um telemóvel inteligente? Em caso afirmativo, de que forma pensa que este ajuda como plataforma no seu processo de tomada de decisões?

26. "A Internet proporciona normalmente custos de contacto e de transação mais baixos e um maior acesso para manter a relação entre cada empresa e comprador".

27. Com que frequência visita portais em linha para comprar e recolher informações? Porquê? Que papel

desempenham as redes sociais no processo de tomada de decisão?

28. A tendência para o aprovisionamento global tem impacto no seu processo de tomada de decisões? Se sim, como?

29. Vê indícios de uma mudança da compra transacional (em que os fornecedores são frequentemente escolhidos apenas com base no preço) para a compra baseada em relações (compra baseada em parcerias

30. onde os principais fornecedores são selecionados com base em relações de longo prazo, inovação tecnológica e proposta comercial)?

31. Como é que compara as informações que recebe dos meios de comunicação digitais com as informação recebida de um vendedor através de discussões presenciais?

32. Quais são os canais de redes sociais que utiliza?

a. Que elementos das redes sociais são úteis no processo de tomada de decisão?

b. Que elementos das redes sociais não são úteis para o processo de tomada de decisão?

33. A iluminação LED e as redes sociais são tecnologias relativamente novas. Será que andam de mãos dadas?

34. Lembra-se de alguma coisa que possa simplificar drasticamente o processo de tomada de decisão, por exemplo: uma nova aplicação, uma base de dados, etc.?

12.2 Entrevista 1

As perguntas da entrevista serão feitas por telefone ou pessoalmente.

Todas as conversas telefónicas e reuniões presenciais são gravadas para serem anotadas e estão à disposição do entrevistado.

Confidencialidade - Todos os nomes e nomes de empresas serão anónimos.

Uma cópia do relatório pode ser fornecida mediante pedido.

Perguntas da entrevista

Introdução

Qual é o seu nome?

Irá X

Qual é o seu cargo?

Diretor da Divisão de Iluminação

Em que empresa trabalha?

Y Eletrónica

Há quanto tempo trabalha nesta função?

2,7 anos. Estou no sector dos componentes electrónicos há 16 anos. Comecei quando tinha 18 anos

Dinâmica da indústria da iluminação

Na sua opinião, como é que o sector da iluminação e a empresa evoluíram nos últimos 5 anos?

Perspetiva empresarial - Houve uma enorme mudança, uma enorme alteração na dinâmica, deixando de ser os três grandes fabricantes de lâmpadas a dominar o mercado. "O design da iluminação mudou para módulos LED, uma vez que qualquer pessoa que fabrique um módulo de lâmpada é um fabricante de lâmpadas. O design afastou-se das normas e dos factores de forma rígidos." Eu diria que a flexibilidade e a escolha abriram as oportunidades de uma forma enorme!

Os regulamentos governamentais afectam o seu processo de decisão e de compra? Em caso afirmativo, como?

Não afecta a minha empresa de forma alguma, tanto quanto sei. Mas afecta as pessoas a quem forneço peças, uma vez que têm de cumprir as normas.

A tendência para o aprovisionamento global tem impacto no seu processo de tomada de decisões? Se sim, como?

É um pouco, mas apenas no sentido em que temos de trabalhar com os nossos fornecedores, para garantir que obtemos o melhor negócio, mas a realidade é que os produtos são baratos no Extremo Oriente. Mas depois pode haver muitos custos adicionais que os tornam caros. Estamos no mercado global há 10 anos e essa experiência é, sem dúvida, muito importante para nós.

Acha que o impacto diminuiu no mercado LED? Não sei.

Mas penso que existe uma variação nos custos. Mas não é tão substancial na indústria eletrónica, onde o preço pode variar mais de 50%, os pontos de preço estão a mudar tão rapidamente que um bom negócio na China esta semana pode não ser um bom negócio na Europa no próximo mês.

Como é que esta evolução da tecnologia influenciou a sua tomada de decisão na compra de produtos LED?

Apenas em pequena escala. "Como a tecnologia está a evoluir tão rapidamente, é difícil manter-se na vanguarda. Mas se continuarmos a tentar obter a melhor tecnologia e esperarmos que ela chegue, acabaremos sempre à espera! E não se faz muito trabalho de design."

Como é que as forças competitivas no sector da iluminação LED e no sector da iluminação geral afectaram a sua tomada de decisão? Pode tratar-se de outros fornecedores, distribuidores ou outras tecnologias.

Esta situação afectou fortemente a tomada de decisões. Os distribuidores com os quais concorremos, por exemplo, têm um poder de compra grande e maciço, pelo que podem comprar muito stock e também oferecer às pessoas o bin específico de iluminação LED (uma caraterística de iluminação que garante que a luz do LED é a mesma). Temos trabalhado arduamente para negociar o preço e demonstrar a capacidade de conceção aos nossos clientes e fabricantes de iluminação. Não podemos manter o produto na prateleira por mais de 3 meses, pois o produto pode estar obsoleto, a tecnologia pode estar obsoleta e os ciclos de design na empresa podem ter mudado. Penso que esta foi uma das influências mais fortes na nossa tomada de decisões. Espero que, com a nossa estratégia, tenhamos feito o suficiente para nos mantermos à frente da concorrência.

Ao tomar uma decisão de compra de uma solução de iluminação, que influência têm os diferentes países com tecnologias concorrentes na sua decisão? Por exemplo, os EUA inventaram algo se a tecnologia fosse forte nos EUA e não no Reino Unido, qual seria a sua influência?

Não nos influenciaria enquanto tal. Mas se nos iludirmos, por exemplo, as legislações dos EUA afectam-nos, os requisitos de eficiência energética e o fator de potência são exemplos disso. A realidade é que, muitas vezes, o que começa nos EUA passa para o Reino Unido. Isto pode não afetar as nossas decisões de compra, mas afecta as decisões de venda. Isto ajuda-nos a acrescentar valor aos nossos clientes, uma vez que os mantemos informados sobre estes avanços tecnológicos. Por exemplo, a norma LM 80 dos EUA foi transferida para o Reino Unido.

Critérios de tomada de decisão

Que critérios são mais importantes para si quando compra produtos LED? E quais são os critérios menos importantes?

"O custo por lúmen é muito importante, pois determina quanto vai custar a luminária", a qualidade da luz. O custo total do produto é importante, mas é um fator secundário. É realmente uma solução de 2.000 lúmenes ou uma solução de 700 lúmenes, certificando-se de que existem dados de qualidade suficientes para apoiar as afirmações. O produto LED continua a ser caro, pelo que é importante que não se torne numa responsabilidade!

Processo de tomada de decisão

Que passos segue para chegar a uma decisão final sobre o produto LED a comprar? Existem alguns passos que são sempre necessários para si? (Por exemplo, uma teoria define 8 passos: reconhecimento da necessidade/consciência do problema, definição de caraterísticas e quantidade, desenvolvimento de especificações, procura e qualificação de fornecedores (descoberta), solicitação de propostas ou orçamentos, avaliação de propostas e seleção de fornecedores, seleção de uma rotina de encomendas, avaliação do desempenho e feedback (validação).

É uma pergunta interessante e difícil de responder. Mas posso responder-lhe da perspetiva de como abordaria um cliente quando estou a tentar vender-lhe. Identificar a necessidade e o problema a resolver, apresentar uma solução para resolver o problema da melhor forma. De seguida, compreendemos a concorrência e apontamos as vantagens da nossa tecnologia em relação à concorrência. A avaliação do desempenho é importante - pode ser uma alteração comercial ou técnica, pode ser voltar ao fornecedor de LED e negociar os elementos-chave que precisam de ser alterados.

Quanto tempo é que estas etapas envolvem e alguma delas tem uma prioridade especial para si?

Pode ser de alguns dias a alguns meses. "O primeiro passo é compreender o problema. É garantir que podemos fornecer o produto certo. Tudo se encaixa no seu devido lugar"

Quais são os seus critérios de avaliação pós-compra?

A comunicação é a chave, a entrega atempada e, se houver algum problema, precisamos de saber rapidamente para podermos atualizar o nosso cliente.

Factores de influência na tomada de decisões B2B

Que impacto tem a estrutura organizacional ou a hierarquia no seu processo de decisão de compra B2B?

A nossa empresa, como sabem, é muito pequena e temos uma estrutura organizacional muito plana. "Mas a flexibilidade ajuda-nos a decidir rapidamente e a apoiar o cliente." Esta é uma enorme vantagem para nós quando comparados com os concorrentes que têm uma estrutura organizacional complexa.

A que tipo de fontes de informação recorre para ajudar na sua decisão de compra?

Recolha de informações sobre o que o resto do mercado está a fazer, descobrir o nosso preço. Certificar-se de que o que temos é competitivo "certificarmo-nos de que estamos a promover e a armazenar o LED certo". Qual o design que o cliente está a desenvolver para podermos avaliar o nível de stock. Provavelmente, trata-se de um equilíbrio delicado, que nos permite ter a certeza de que estamos a promover o produto certo, mas temos de ter a certeza de que estamos nos pontos de preço certos.

Quais as feiras a que assiste que o ajudam na seleção de produtos e no processo de tomada de decisões?

LuxLive, Lighting Fixture Design (Foi um evento de sucesso), uma vez que a maioria das pessoas pagou uma boa quantia de dinheiro, pois eram muito sérias. O evento foi muito útil. Luz e construção. A outra feira seria a Ecobuild. A que se realiza na NEC. Tratava-se de uma exposição sobre construção ecológica (a ARC é um nicho, a Euroled está a morrer!).

Qual é o papel que vê ser desempenhado pelas parcerias com fornecedores e pela gestão da qualidade total?

Penso que há uma importância crescente. Mas continua a haver uma proliferação de tecnologias de iluminação questionáveis a entrar no Reino Unido. As parcerias com fornecedores e o crescente reconhecimento da marca é algo que estou a notar no mercado. Por exemplo, há 10 anos, a CREE não estava em lado nenhum, mas hoje está a avançar rapidamente! SAMSUNG - O interior pode ser útil. Mas ainda não se destacaram!

Que papel desempenha a tecnologia da informação no seu processo de tomada de decisões?

"É uma ferramenta útil e não passa disso. Proporciona uma acessibilidade paralela da informação, mas não é o princípio nem o fim de tudo."

Qual a importância do conhecimento do produto e do sector por parte do vendedor, numa escala de 1 a 10? Que efeito tem no seu processo de tomada de decisão?

Vou dar uma enorme importância a este facto. Muitas pessoas vêm ter connosco para vender o material. Da mesma forma, quando estou a vender, certifico-me de que fiz os trabalhos de casa para compreender as necessidades dos clientes. Por isso, no geral, diria que espero 9,5, pois as pessoas podem cometer erros. Posso ser desencorajado! por alguém se essa pessoa fornecer conscientemente informações enganosas. Se não souberem, devem dizer que não sabem. Eu vou descobrir!

Meios digitais

Que papel desempenha a "Internet" na sua tomada de decisões?

É uma ferramenta vital; é excelente para a recolha de informações. Ou para transmitir informações ou fornecer informações às pessoas.

Qual é o impacto direto dos meios digitais na sua decisão de compra?

Não na minha decisão de compra e nem na dos meus clientes, mas isso vai mudar com o tempo.

Considera que se encontra numa fase incipiente?

Poucas empresas estão a fazer um bom trabalho. Muitas empresas estão a fazer um trabalho pior. Estamos num ponto de viragem em que muitas pessoas são cépticas, muitas pessoas pensam que não está certo, mas eu sinto que estamos no ponto de viragem.

A que meios digitais recorre em particular?

Internet, redes sociais até certo ponto, e-mails em grande escala, estamos a tentar a publicidade em linha. Estamos a experimentar o linkedin, estamos a experimentar o google adworks. O objetivo é "Como é que descobrimos os clientes que não conhecemos e como é que os clientes nos descobrem a nós".

Que suporte digital tende a utilizar? Tablets, telemóveis inteligentes, computadores portáteis? O que funciona melhor para si?

Cada vez mais utilizo o tablet, sentado à secretária prefiro o computador, nas visitas aos clientes utilizo o tablet. Com cobertura móvel rápida, dou-lhes o preço, verifico o stock disponível. A comunicação sem descontinuidades é a chave. A demonstração visual é fundamental: "Ipad e notebook" é o que eu uso. O ritmo de mudança é tão rápido que, no momento em que se imprime algo, já está desatualizado.

Tem um telemóvel inteligente? Em caso afirmativo, de que forma pensa que este ajuda como plataforma no seu processo de tomada de decisões?

Eu tenho um smartphone. Mas não vai ajudar na tomada de decisões. Um dos principais desafios é o tamanho do ecrã. Não é fácil obter toda a informação no smartphone. É bom para enviar e receber e-mails, mas para além disso parece difícil!

"A Internet proporciona normalmente custos de contacto e de transação mais baixos e um maior acesso para manter a relação entre cada empresa e comprador".

Reduz os custos, mas pode ser rápido! Concordo com a primeira parte do texto sobre custos mais baixos e maior contacto. Mas depois há "Absolutamente nenhuma substituição para uma reunião cara a cara e se eu estiver errado, comerei o meu chapéu".

Com que frequência visita portais em linha para comprar e recolher informações? Porquê? Que papel desempenham as redes sociais no processo de tomada de decisão?

Visito as redes sociais diariamente. É tão rápido e fácil num sítio e num portal bem concebidos. Mas se for mal concebido, o utilizador sai rapidamente do sítio Web! Os grupos no linkedin, em particular, são grupos bem moderados e estimulados, o que permite um melhor envolvimento. As redes sociais não influenciam tanto. Mas são um canal, um meio ou um veículo de informação.

A tendência para o aprovisionamento global tem impacto no seu processo de tomada de decisões? Se sim, como?

O mesmo que acima

Vê indícios de uma mudança da abordagem transacional (em que os fornecedores são frequentemente escolhidos apenas com base no preço) para a abordagem baseada nas relações (abordagem baseada em parcerias em que os principais fornecedores são selecionados com base em relações a longo prazo, inovação tecnológica e proposta comercial)?

O baixo custo, a falta de educação no mercado em geral. "Porque é que os LEDs são mais caros do que outras tecnologias. As pessoas estão a começar a confiar continuamente em marcas de confiança como resultado! Isto não quer dizer que haja produtos baratos que sejam bons. Por exemplo, um fabricante de lâmpadas teve de retirar meio milhão de lâmpadas que apresentavam o risco de choque elétrico! Mesmo as organizações de boa qualidade cometem erros: "o modo como nos comportamos numa crise é importante".

Como é que compara as informações que recebe dos meios de comunicação digitais com as informações recebidas de um vendedor através de discussões presenciais?

Posição do vendedor - É essencial transmitir uma mensagem coerente. Se parecer que está a ser enganado por inconsistências repetidas, isso não se reflecte bem no comprador. Esta não é a opinião que ninguém quer.

Quais são os canais de redes sociais que utiliza?

Que elementos das redes sociais são úteis no processo de tomada de decisão?

O Linkedin é a ferramenta de comunicação mais orientada para as empresas. O Linkedin tem feito muito para se desenvolver e evoluir. Dispõe de páginas de empresas que são pouco utilizadas.

A sua empresa tem uma página ligada?

Colocamos informações sobre novos produtos. Assim, eles podem contactar a pessoa com o pedido de informação sobre o produto." Os meios de comunicação social podem ser uma verdadeira prova de fogo" Se divulgamos algo, temos de ter a certeza de como reagimos a isso. É uma fonte de informação útil. As redes sociais são utilizadas para uso pessoal. As empresas que estão a ter bons resultados são capazes de tirar partido das relações pessoais. Se for um retalhista de rua, o meu amigo pode dizer "Vamos ver esta coisa fantástica na John Lewis". O ambiente no B2B é diferente, com uma tomada de decisão longa e ponderada.

Que elementos das redes sociais não são úteis para o processo de tomada de decisão?

Ver acima, por favor

A iluminação LED e as redes sociais são tecnologias relativamente novas. Será que andam de mãos dadas?

Provavelmente. Vou remetê-lo para o topo. Uma vez que as redes sociais estão a ganhar força, as lâmpadas retrofit podem encontrar um caminho fácil para o mercado utilizando esta plataforma, uma vez que são um produto de consumo. As pessoas dão ouvidos aos seus amigos. As decisões B2B são "cuidadosamente analisadas" e o objetivo principal é a manutenção e o desenvolvimento de relações. Poderá estar relacionado com a sensibilização? Ficaria surpreendido se alguém fosse ao linkedin e trouxesse um produto nosso. Os clientes podem ser os árbitros para acrescentar valor.

Pensa em algo que possa simplificar drasticamente o processo de tomada de decisão, por exemplo: uma nova aplicação, uma base de dados, etc.? Qualquer coisa fora da caixa!

Esta é uma pergunta de um milhão de dólares - Como é que se pode ficar rico? Tens de fazer a devida diligência. É preciso tomar a decisão. Os algoritmos que fazem parte do mercado de acções tornaram-nos ricos!

12.3 **Entrevista 2**

Perguntas da entrevista

Introdução

Qual é o seu nome?

X

Qual é o seu cargo?

Diretor de vendas

Em que empresa trabalha?

CLL

Há quanto tempo trabalha nesta função?

Meses, estive em Eletrónica em 2004. Em Iluminação LED estou envolvido em 2008 desde os últimos 5 anos.

Dinâmica da indústria da iluminação

Na sua opinião, como é que o sector da iluminação e a empresa evoluíram nos últimos 5 anos?

A atividade comercial tornou-se mais técnica. Os utilizadores finais esperam que os preços das lâmpadas LED baixem e, ao mesmo tempo, esperam ter a tecnologia mais recente a um preço mais baixo do que, digamos, 6 meses antes! Estamos a encontrar uma concorrência muito forte em todo o mundo, uma vez que a iluminação LED significa que não existem práticas comerciais antigas em ação! Mas sim novos conceitos, o que significa

Os regulamentos governamentais afectam o seu processo de decisão e de compra? Em caso afirmativo, como?

Não me afecta. Afecta os clientes, porque não tem havido tantos regulamentos sobre os clientes do Reino Unido.

A tendência para o aprovisionamento global tem impacto no seu processo de tomada de decisões? Se sim, como?

As coisas tornam-se sensíveis ao preço, temos de as considerar, temos de olhar para o impacto no ambiente, o custo total, a pegada de carbono. Qual é a fonte de abastecimento? É uma vantagem? *Se tivermos o produto na UE, isso é uma vantagem.*

Como é que esta evolução da tecnologia influenciou a sua tomada de decisão na compra de produtos LED?

É mais viável, a tomada de decisões é mais viável com a iluminação LED. Utilizamos o LED como primeira possibilidade. Os preços baixaram imenso. Se formos comparados com outras empresas de topo de gama, geralmente conseguimos igualar o preço.

Como é que as forças competitivas no sector da iluminação LED e no sector da iluminação geral afectaram a sua tomada de decisões?

Não tivemos esse problema porque nos abastecemos na UE e a nossa filosofia de design é conceber produtos de topo de gama.

Ao tomar uma decisão de compra de uma solução de iluminação, que influência têm os diferentes países com tecnologias concorrentes na sua decisão?

(Uma tecnologia predominante nos EUA) Só a vejo de uma perspetiva europeia. O plasma, a indução, o controlo sem fios, já vimos que algumas tecnologias não eram viáveis, mas outras são. Todas as tecnologias começam no Ocidente, mas as tecnologias recuperam e as empresas avançam rapidamente! Onde é que o LED começou? Difícil de identificar.

Critérios de tomada de decisão

Que critérios são mais importantes para si quando compra produtos LED? E quais são os critérios menos importantes?

Boa garantia, boa marca, bom historial. O retorno do investimento e o custo de propriedade são factores que trabalhamos de qualquer forma, uma vez que estão incorporados. Fazemos com que o retorno do investimento funcione em função destas variáveis. Por vezes funciona, outras vezes não. Na iluminação comercial, os bancos dizem 3 anos, o NHS, por exemplo, diz 5 anos. Alguns podem querer 2 anos apenas se puderem funcionar 24 horas por dia, 7 dias por semana.

Processo de tomada de decisão

Que passos segue para chegar a uma decisão final sobre qual o produto LED a comprar? Existem alguns passos que são sempre necessários para si? (Por exemplo, uma teoria define 8 passos: reconhecimento da necessidade/consciência do problema, definição das caraterísticas e quantidade, desenvolvimento de especificações, procura e qualificação de fornecedores (descoberta), solicitação de propostas ou orçamentos, avaliação de propostas e seleção de fornecedores, seleção de uma rotina de encomendas, avaliação do desempenho e feedback (validação)

Desempenho, fiabilidade, preço são pontos-chave. Olhamos para um produto e se ele se enquadra nos nossos requisitos, então avançamos. Começamos do zero, que é o chip LED, e depois trabalhamos à volta dele

Quanto tempo é que estas etapas envolvem e alguma delas tem uma prioridade especial para si?

N/A

Quais são os seus critérios de avaliação pós-compra?

A rapidez com que o fornecedor responde e entrega o produto a tempo é importante.

Factores de influência na tomada de decisões B2B

Que impacto tem a estrutura organizacional ou a hierarquia no seu processo de decisão de compra B2B?

Nenhum . Sou eu que trato do negócio. Eu tenho impacto na compra, mas eles têm autonomia para tomar a decisão. "As pessoas não estão a comprar máquinas de lavar roupa para as casas. Se o produto for avaliado tecnicamente, podemos avançar rapidamente!

A que tipo de fontes de informação recorre para ajudar na sua decisão de compra?

Os catálogos e a Internet são os principais meios.

Quais as feiras a que assiste que o ajudam na seleção de produtos e no processo de tomada de decisões?

LuxLive, Light and Building em Frankfurt, temos conhecimento disso através dos nossos fornecedores. Os utilizadores finais têm todas as ideias práticas e nós recolhemos o que eles querem e apoiamo-los nas suas especificações.

Qual é o papel que vê ser desempenhado pelas parcerias com fornecedores e pela gestão da qualidade total?

Damos uma grande importância; eles precisam de acreditar naquilo que defendemos. É a perceção que os fornecedores têm de nós. "A qualidade é a chave, as empresas têm aplicações críticas e não se pode arriscar isso em grandes projectos. As pessoas vêem-nos como uma marca e, por isso, esperam de nós uma qualidade definida. É importante para nós comprar um

Que papel desempenha a tecnologia da informação no seu processo de tomada de decisões?

É importante: "O sistema tem de nos guiar". Sage, SAP, Logística, Fornecedores estão todos ligados, incluindo o CRM, para que possamos acrescentar novos add-ons à medida que o negócio se torna mais complexo". Queremos que os códigos de barras sejam lidos "e que todos os produtos necessários para fabricar um aparelho de iluminação possam ser facilmente localizados pela nossa logística e fabricados pela nossa equipa de design, tornando todo o processo perfeito.

Qual a importância do conhecimento do produto e do sector por parte do vendedor, numa escala de 1 a 10? Que efeito tem no seu processo de tomada de decisão?

é importante, vejo muitos vendedores de biscoitos, o que me deixa frustrado. Estas bandas de um homem só vão desaparecer.

Meios digitais

Que papel desempenha a "Internet" na sua tomada de decisões?

A tecnologia do produto é muito importante, o fornecimento, alguns são complexos, por isso chamamos o vendedor para enviar a folha de dados.

Qual é o impacto direto dos meios digitais na sua decisão de compra?

Nós usamo-lo. Os mais jovens usam-no, eu não o uso. Há benefícios. Temos de olhar para o futuro. Como a próxima geração vai olhar. Temos de estar no autocarro agora, caso contrário, vamos perdê-lo!

A que meios digitais recorre em particular?

Linkedin. A nossa empresa está no linkedin. O Twitter é algo que utilizamos. Não tenho muita influência sobre ele. Vejo as vantagens, mas não o utilizo. Sou da velha guarda.

Que suporte digital tende a utilizar? Tablets, telemóveis inteligentes, computadores portáteis? O que funciona melhor para si?

Computador portátil no trabalho.

Tem um telemóvel inteligente? Em caso afirmativo, de que forma pensa que este ajuda como plataforma no seu processo de tomada de decisões?

Posso tocar nele e posso perder-me! -1 telemóvel

"A Internet proporciona normalmente custos de contacto e de transação mais baixos e um maior acesso para manter a relação entre cada empresa e comprador".

Perde-se o toque pessoal! No nosso sector, é a chave, pois há uma evolução da iluminação que não pode ser colocada na Internet. É preciso sentar-se com o cliente. É fundamental que se decalque os acessórios e o toque pessoal.

Com que frequência visita portais em linha para comprar e recolher informações? Porquê? Que papel desempenham as redes sociais no processo de tomada de decisão?

Todos os dias e é crucial obter informações. Olho para os e-mails e vejo constantemente as actualizações. É mais uma recolha de informações e uma qualificação pré-venda. Leio muito! Precisamos de estar no topo da tecnologia.

A tendência para o aprovisionamento global tem impacto no seu processo de tomada de decisões? Se sim, como?

Alguns concorrentes utilizam produtos provenientes de países estrangeiros e, ao montá-los no Reino Unido, pensam que são fabricados no Reino Unido, o que não é correto!

Vê indícios de uma mudança da abordagem transacional (em que os fornecedores são frequentemente escolhidos apenas com base no preço) para a abordagem baseada em relações (abordagem baseada em parcerias em que os principais fornecedores são selecionados com base em relações a longo prazo, inovação tecnológica e proposta comercial)?

Não vejo qualquer alteração. Comercial e Especificação - Os grossistas querem-no barato! A especificação é baseada na engenharia.

Como é que compara as informações que recebe dos meios de comunicação digitais com as informações recebidas de um vendedor através de discussões presenciais?

É melhor estar cara a cara

Quais são os canais de redes sociais que utiliza?

Que elementos das redes sociais são úteis no processo de tomada de decisão?

Que elementos das redes sociais não são úteis para o processo de tomada de decisão?

A iluminação LED e as redes sociais são tecnologias relativamente novas. Será que andam de mãos dadas?

De facto, andam de mãos dadas. Mas há uma falta de sensibilização para a iluminação LED, demasiada informação e falta de profissionalismo.

Pensa em algo que possa simplificar drasticamente o processo de tomada de decisão, por exemplo: uma nova aplicação, uma base de dados, etc.?

Seria bom ter novas aplicações. A simplificação do produto é importante. Produto comercial para um encaixe modular. Não é preciso ter uma quantidade enorme de dados, mas sim algo simples e fácil de utilizar e manusear. Desmembrando-o.

12.4 Entrevista 3

As perguntas da entrevista serão feitas por telefone ou pessoalmente.

Todas as conversas telefónicas e reuniões presenciais são gravadas para serem anotadas e estão à disposição do entrevistado.

Confidencialidade - Todos os nomes e nomes de empresas serão anónimos.

Uma cópia do relatório pode ser fornecida mediante pedido.

Perguntas da entrevista

Introdução

Qual é o seu nome?

Ian Wood

Qual é o seu cargo?

Diretor técnico

Em que empresa trabalha?

FWL

Há quanto tempo trabalha nesta função?

Meses, tenho estado no negócio de distribuição de componentes electrónicos desde 2004. Em LED Iluminação Estou envolvido desde 2008, ou seja, nos últimos 5 anos.

Dinâmica da indústria da iluminação

Na sua opinião, como é que o sector da iluminação e a empresa evoluíram nos últimos 5 anos?

O mercado dos LED cresceu e estabeleceu-se. Antes as pessoas não conheciam os LEDs, os volumes aumentaram em oportunidades no que respeita ao mercado.

Quais foram as implicações económicas deste facto?

Posso explicar isto com um exemplo. Na minha última função, não conseguíamos vender porque o stock não era suficiente! As peças tornaram-se obsoletas muito rapidamente e espero que não tenhamos o mesmo problema no futuro. Cada organização tem uma forma diferente de lidar com este tipo de problemas. As empresas de iluminação que são novas na eletrónica estão a concentrar-se em aprender a forma de trabalhar num mundo eletrónico em crescimento. Do mesmo modo, as empresas de eletrónica que não têm uma tradição de iluminação estão a aprender as nuances do mundo da iluminação para serem bem sucedidas.

Os regulamentos governamentais afectam o seu processo de decisão e de compra? Em caso afirmativo, como?

Não me afecta. Pode afetar os nossos clientes. No entanto, não tem havido tantos regulamentos sobre os clientes do Reino Unido.

A tendência para o aprovisionamento global tem impacto no seu processo de tomada de decisões? Se sim, como?

Temos de ser mais agressivos nos nossos preços. Os clientes vão para os Estados Unidos e para a China para obter preços. Com os nossos preços, conseguimos atrair os clientes de volta: "O mundo é um sítio mais pequeno" As pessoas conseguem encontrar os fabricantes muito rapidamente através da Internet. Atualmente, o preço tem de ser sensível a nível global e não apenas ao Reino Unido.

Como é que esta evolução da tecnologia influenciou a sua tomada de decisão na compra de produtos LED?

É claro que sim. Se a tecnologia está a mudar muito rapidamente, pode ficar-se com um stock sem dados ou obsoleto. "Fico cauteloso quando estamos a criar stock, porque esta tecnologia está a evoluir tão rapidamente que não há estabilidade no mercado do ponto de vista do produto."

Como é que as forças competitivas no sector da iluminação LED e no sector da iluminação geral afectaram a sua tomada de decisões?

Novos actores, nova tecnologia (média potência, alta potência).

Estou numa nova empresa; temos de ver o que estamos a fazer e avaliar constantemente o mercado para vermos o que estamos a oferecer. A concorrência dos fabricantes e distribuidores de LED está a tornar-se mais feroz. Se um fabricante de LED ou o nosso fornecedor apresentar uma NOVA oferta de LED, espera-se que ofereça mais vantagens ao nosso cliente. Mas se não tiver um bom desempenho em comparação com outros produtos LED concorrentes no mercado, então não compraremos mais LEDs e não colocaremos qualquer stock contra eles.

Ao tomar uma decisão de compra de uma solução de iluminação, que influência têm os diferentes países com tecnologias concorrentes na sua decisão?

(Por exemplo: uma tecnologia predominante nos EUA)

Só o vejo de uma perspetiva europeia; será o meu cliente a ver estas mudanças. "Em termos de tecnologia, é um padrão, mas em termos de preço e de aplicação pode ser diferente."

Critérios de tomada de decisão

Que critérios são mais importantes para si quando compra produtos LED? E quais são os critérios menos importantes?

No que respeita aos produtos LED, a questão seria técnica. Como sou engenheiro, o desempenho, a eficiência, o CCT, o Binning, a tensão... Se eu fosse o cliente final, seria diferente.

Processo de tomada de decisão

Que passos segue para chegar a uma decisão final sobre qual o produto LED a comprar? Existem alguns passos que são sempre necessários para si? (Por exemplo, uma teoria define 8 passos: reconhecimento da necessidade/consciência do problema, definição das caraterísticas e quantidade, desenvolvimento de especificações, procura e qualificação de fornecedores (descoberta), solicitação de propostas ou orçamentos, avaliação de propostas e seleção de fornecedores, seleção de uma rotina de encomendas, avaliação do desempenho e feedback (validação)

Chip de LED ou controlador de LED

Normalmente, comparamo-lo com a concorrência, obtemos cotações de outros fornecedores. Precisamos de procurar em diferentes fontes técnicas para obter mais informações.

Quanto tempo é que estas etapas envolvem e alguma delas tem uma prioridade especial para si?

N/A

Quais são os seus critérios de avaliação pós-compra?

Precisamos de receber as peças a tempo e recebemos "o que pedimos quando fizemos a encomenda". "

Factores de influência na tomada de decisões B2B

Que impacto tem a estrutura organizacional ou a hierarquia no seu processo de decisão de compra B2B?

Temos uma estrutura plana e não há demasiadas pessoas a tomar decisões. O meu chefe tem uma boa ligação com o diretor executivo. Por exemplo, se eu tiver de comprar alguma coisa, as coisas processam-se rapidamente. Mas na Avnet, se fosse necessário comprar algo, demorava muito tempo em . A flexibilidade e a tomada de decisões são muito mais rápidas onde estou atualmente, o que, por sua vez, ajuda o nosso cliente, uma vez que oferecemos um apoio rápido aos produtos e à engenharia.

A que tipo de fontes de informação recorre para ajudar na sua decisão de compra?

Principalmente a Internet, onde obtive muitos contactos e feiras para obter informações. Fóruns em diferentes sítios de redes sociais, como o linkedin.

Quais as feiras a que assiste que o ajudam na seleção de produtos e no processo de tomada de decisões?

LuxLive em novembro, participo em muitas feiras Euroled, Arc, Ifsec, Traffex, Plaza, para sabermos o que se passa com os LEDs e termos uma perspetiva mais alargada, pois uma perspetiva mais alargada é melhor.

A Light and Building em Frankfurt é boa. Iremos participar, mas não expor, pois é dispendioso. Iremos analisar os produtos a partir do zero.

Qual é o papel que vê ser desempenhado pelas parcerias com fornecedores e pela gestão da qualidade total?

Já o estamos a fazer. Por exemplo, para criar produtos para vender os nossos LEDs, a qualidade é muito importante e o nosso grupo tem apostado na qualidade desde o início! Mas o tempo o dirá.

Que papel desempenha a tecnologia da informação no seu processo de tomada de decisões?

Para além da Internet, que é mais uma ferramenta de comunicação e investigação, não afecta grandemente a decisão de compra. É mais uma plataforma na qual o processo de decisão é efectuado.

Qual a importância do conhecimento do produto e do sector por parte do vendedor, numa escala de 1 a 10? Que efeito tem no seu processo de tomada de decisão?

Quero que o vendedor conheça os meandros do produto. "Os meus fornecedores têm de saber do que estão a falar, pois não podemos ir vender ao mercado. "Ele ou ela é a frente da empresa e o canal de informação do fabrico para a força de vendas."

Meios digitais

Que papel desempenha a "Internet" na sua tomada de decisões?

"Pessoalmente, não sei como é que trabalhávamos sem Internet." Foi bom ver como o sítio Web do fabricante melhorou ao longo dos anos. Ajuda os empregados da empresa a descobrir o que estão a vender. A Internet é também vital para a comercialização da empresa. É por essa razão que estamos a gastar tanto tempo e dinheiro na conceção do sítio Web.

Qual é o impacto direto dos meios digitais na sua decisão de compra?

Na minha função atual, não altera a minha decisão, mas ajuda-me a tomar uma decisão informada.

Não existe um sítio Web que forneça todas as informações. Os meios digitais são provavelmente a ferramenta inicial. Se estou em casa, compro coisas na Internet. Mas, no mundo dos negócios, é muito importante que haja uma pessoa que o oriente e que possa dar as respostas a questões técnicas complexas. Atualmente, os meios digitais não conseguem responder a isso!

A que meios digitais recorre em particular?

Confio nos sítios Web dos fabricantes, no linkedin, no tweeter. Tweeta? Só o faço a nível da empresa. O Linkedin é útil para as empresas, uma vez que os grupos de discussão são bem moderados e é possível saber o que está a acontecer no mercado e quais são as questões mais recentes ou actuais no mercado.

Que suporte digital tende a utilizar? Tablets, telemóveis inteligentes, computadores portáteis? O que funciona melhor para si?

Computador portátil no trabalho, tablet em casa, gostaria de começar a utilizar mais o telemóvel.

Tem um telemóvel inteligente? Em caso afirmativo, de que forma pensa que este ajuda como plataforma no seu processo de tomada de decisões?

Sim. Depende da decisão a tomar. Se não for demasiado técnica, pode ser. Num telemóvel inteligente, pode não ter todas as informações num único ecrã, pois eu gosto de ver todas as informações no ecrã. Pode utilizar-se o telemóvel, mas depois volta-se ao computador portátil para obter mais informações.

"A Internet proporciona normalmente custos de contacto e de transação mais baixos, com um maior acesso para manter a relação entre cada empresa e comprador".

É um bom sítio para se estar, mas se alguém tiver de ir comprar à Internet, vai comprar a qualquer lado. "Pessoalmente, penso que a melhor forma de comprar e vender é através do contacto pessoal."

Com que frequência visita portais em linha para comprar e recolher informações? Porquê? Que papel desempenham as redes sociais no processo de tomada de decisão?

Utilizo tudo o que posso. Sou um grande leitor de sítios Web. Comecei a utilizar cada vez mais as redes sociais. A utilização do Linkedin tem aumentado à medida que mais pessoas o utilizam. Se têm uma opinião e a querem transmitir à comunidade da iluminação, vão ao fórum de discussão.

É possível ter uma visibilidade do que está a acontecer no mercado. Pode ter a ver com investigação. Se fizer parte de um fórum, tem opiniões actuais e realistas.

A tendência para o aprovisionamento global tem impacto no seu processo de tomada de decisões? Em caso afirmativo, de que forma? Observa indícios de uma mudança do processo de compra transacional (em que os fornecedores são frequentemente escolhidos apenas com base no preço) para o processo de compra baseado em relações (compra baseada em parcerias em que os principais fornecedores são selecionados com base em relações a longo prazo, inovação tecnológica e proposta comercial)?

Sim. Alguns clientes vêem a relação como a chave: "Gostaria de fazer uma parceria, faremos isto e faremos aquilo. Trata-se de uma mistura de eletrónica e iluminação. Os clientes valorizam o serviço adicional, o apoio técnico, o manuseamento de stocks.

Como é que compara as informações que recebe dos meios de comunicação digitais com as informações recebidas de um vendedor através de discussões presenciais?

Só acreditarei se vir algo por escrito. Mas se o comprador não for suficientemente inteligente ou não verificar, pode cair. Pessoalmente, eu verificaria as informações sobre o produto nos sítios Web antes de me encontrar com um vendedor de qualquer fornecedor em .

Quais são os canais de redes sociais que utiliza?

Que elementos das redes sociais são úteis no processo de tomada de decisão?

Que elementos das redes sociais não são úteis para o processo de tomada de decisão?

Principalmente no Linkedin.

A iluminação LED e as redes sociais são tecnologias relativamente novas. Será que andam de mãos dadas?

Penso que andam de mãos dadas. A iluminação LED é muito técnica. O cliente quer partilhar as histórias, os aspectos artísticos e criativos ajudam. As redes sociais ajudam a "partilhar e a envolver-se com a comunidade". Os fabricantes de iluminação geralmente não são tão reservados sobre o que fazem e estão abertos a aprender novas ou melhores formas de fazer as coisas.

Pensa em algo que possa simplificar drasticamente o processo de tomada de decisão, por exemplo: uma nova aplicação, uma base de dados, etc.? ou qualquer outra NOVA tecnologia.

Pergunta difícil - Grande parte deste sector baseia-se nas pessoas e nos conhecimentos das pessoas. A aplicação pode ajudar os clientes mais pequenos. Os clientes maiores precisam de ser orientados para o sítio Web da empresa.

"Podem ser páginas amarelas online para a indústria da iluminação LED", é o que estou a pensar em voz alta!

12.5 Entrevista 4

As perguntas da entrevista serão feitas por telefone ou pessoalmente.

Todas as conversas telefónicas e reuniões presenciais são gravadas para serem anotadas e estão à disposição do entrevistado.

Confidencialidade - Todos os nomes e nomes de empresas serão anónimos.

Uma cópia do relatório pode ser fornecida mediante pedido.

Perguntas da entrevista

Introdução

Data - 24th de julho, Hora - 5:45 pm

Qual é o seu nome?

Steve Poole

Qual é o seu cargo?

Diretor Técnico da Qualidade

Em que empresa trabalha?

Projeção de Iluminação Ltd

Há quanto tempo trabalha nesta função?

meses e, antes desta função, trabalhei no laboratório de ensaios da associação Lighting durante mais de 10 anos.

Dinâmica da indústria da iluminação

Na sua opinião, como é que o sector da iluminação e a empresa evoluíram nos últimos 5 anos?

"A iluminação LED passou de uma ideia a uma realidade". Isto só foi possível graças às rápidas mudanças registadas na tecnologia e nos preços. A fonte de luz tornou-se 5 vezes mais eficiente do que era há mais de 5 anos e os preços das fontes de luz LED desceram quase 12-15% numa base anual.

5 a Mas como é que isso mudou do ponto de vista empresarial?

A mistura de produtos mudou. Há 5 anos, 90% dos produtos acabados de iluminação eram trazidos por projeção e apenas 10% eram fabricados. Agora, até o mercado de exportação se abriu para nós.

O que vejo é que diversificou? E, se o volume de negócios aumentou, será justo dizer que aumentou? *Em 2006, o nosso Diretor-Geral disse: "O negócio tinha de mudar, se não mudasse não teríamos um negócio". O negócio de substituição desapareceu. A recessão de 2008 afectou as despesas e afectou o negócio. A tecnologia LED afectou o negócio, mas avançou, abrindo novas oportunidades de negócio e canais para nós.*

As regulamentações governamentais afectam o seu processo de decisão e de compra? Em caso afirmativo, como?

Sim, até agora, uma vez que o cumprimento é obrigatório, o comércio tem de o fazer, se não o fizer não pode vender. Do ponto de vista comercial, não se trata de uma questão importante, uma vez que é obrigatório e o cumprimento é obrigatório

A tendência para o aprovisionamento global tem impacto no seu processo de tomada de decisões? Se sim, como?

Essa é uma questão interessante. Há alguns anos, deslocávamo-nos ao Extremo Oriente para obter preços baixos, mas hoje em dia isso mudou! Os fornecedores do Reino Unido e da UE estão a oferecer preços competitivos. Assim, não é necessário comprar na China. No entanto, alguns produtos estão a tornar-se comoditizados. Alguns produtos que hoje são especializados acabarão por se tornar produtos de base.

Como é que esta comoditização altera o negócio e quais são as implicações. As empresas vão consolidar-se?

Os operadores mais pequenos ficarão a perder e é muito importante escolher o fornecedor certo, uma vez que o panorama irá mudar dentro de alguns anos. Mas o sector está a mudar rapidamente e é difícil de prever. É difícil de prever dentro de 1 a 2 anos. É quase impossível de prever.

Como é que esta evolução da tecnologia influenciou a sua tomada de decisão na compra de produtos LED?

Em grande medida, em grande medida: "Se não oferecer um produto com especificações técnicas elevadas, então está morto na água"! No entanto, para inverter a situação, a nossa decisão de compra depende do utilizador final, do retalhista, dos consultores, que querem a tecnologia mais recente a um preço muito interessante e querem ter a certeza de que as especificações são as actuais, para que não acabem por ser as especificações de ontem!

Como é que as forças competitivas no sector da iluminação LED e no sector da iluminação geral afectaram a sua tomada de decisão (operadores normais e novos)?

A desvantagem é que pode não se concentrar nos valores fundamentais, uma vez que pode ser suscetível a outras pessoas que fabricam produtos semelhantes. Pode acabar por ser uma empresa "eu também", uma vez que pode estar a comprar produtos a fornecedores que são os mesmos que as outras empresas compram, e então toda a sua ideia de diferenciação de produtos perde-se completamente!"

Ao tomar uma decisão de compra de uma solução de iluminação, que influência têm os diferentes países com tecnologias concorrentes na sua decisão?

Por exemplo, uma tecnologia amplamente utilizada nos EUA, uma oportunidade no Reino Unido, mas que não é utilizada por muitas pessoas, afectaria a tomada de decisões?

Pode influenciar, outras tecnologias também podem influenciar. Falamos com os principais clientes e descobrimos se querem adoptá-la e, se ganhar terreno, avançamos. A velocidade da tecnologia pode ser lenta ou rápida, mas por vezes algo novo pode demorar algum tempo!

Porque é que acha que as novas tecnologias demoram tempo - porque é que há resistência?

Devido ao medo da mudança, a aceitação geral é lenta. Por exemplo: "Beta Max Vs VHS standard's wars beta max was better but VHS had better take up as it was popular. Por isso, não quer dizer que o melhor produto ganhe!" Tal como o empreiteiro de iluminação LED pode escolher algo com que se sinta confortável.

Critérios de tomada de decisão

Que critérios são mais importantes para si quando compra produtos LED? E quais são os critérios menos importantes? (critérios numa perspetiva empresarial)

Se conseguirmos satisfazer as necessidades do cliente, falamos com os distribuidores internacionais, descobrimos o que precisam, trabalhamos arduamente e pode não resultar. Mas, por vezes, esperamos, como no caso da solução LED linear, porque pensámos que não podíamos fazer uma boa oferta com a tecnologia e os pontos de preço, "o que é importante para nós é o que o cliente quer, mantendo-nos fiéis aos nossos valores, à nossa marca". Por exemplo, estamos a utilizar um produto na iluminação de retalho em soluções pontuais, onde temos um nicho e estamos a ter bons resultados!

O que é que não é importante?

O mercado está mais instruído, quer conhecer muitos elementos técnicos novos de que não necessitava antes, não estamos interessados em produtos baratos. "Não somos uma empresa que se alimenta do fundo do poço! Se alguém vier e disser que é uma libra, não compramos!"

Processo de tomada de decisão

Que passos segue para chegar a uma decisão final sobre qual o produto LED a comprar? Existem alguns passos que são sempre necessários para si? (Por exemplo, uma teoria define 8 passos: reconhecimento da necessidade/consciência do problema, definição das caraterísticas e quantidade, desenvolvimento de especificações, procura e qualificação de fornecedores (descoberta), solicitação de propostas ou orçamentos, avaliação de propostas e seleção de fornecedores, seleção de uma rotina de encomendas, avaliação do desempenho e feedback (validação)

Quanto tempo é que estas etapas envolvem e alguma delas tem uma prioridade especial para si?

Quais são os seus critérios de avaliação pós-compra?

A relação com o fornecedor é importante, se tivermos problemas esperamos que o fornecedor os resolva. Trabalhamos com fornecedores OEM e procuramos um apoio contínuo. "Atualmente, as empresas têm de trabalhar em conjunto".

Factores de influência na tomada de decisões B2B

Que impacto tem a estrutura organizacional ou a hierarquia no seu processo de decisão de compra B2B?

A nossa estrutura é plana. Felizmente, na nossa empresa, a hierarquia não é um problema e decidimos rapidamente com quem queremos trabalhar e com quem não queremos trabalhar. "No entanto, se o nosso Diretor-Geral achar que não está bem, não vai para a frente!"

A que tipo de fontes de informação recorre para ajudar na sua decisão de compra?

Não se pode prescindir da Internet e das revistas especializadas. Há demasiados e-mails com que somos bombardeados e demasiada informação à nossa volta. No entanto, há um lugar para os vendedores tradicionais, mas por vezes é difícil passar por ele; o vendedor tem de o fazer a pé. Se o produto for bom, as vendas serão mais fáceis.

Quais as feiras a que assiste que o ajudam na seleção de produtos e no processo de tomada de decisões?

Um dos destaques é a luz e a construção na Alemanha. No Reino Unido, a exposição LUX .

Quando vai a estas exposições, como é que isso o ajuda?

A minha estratégia era descobrir os novos fornecedores, as novas tecnologias. Foi uma boa oportunidade para falar com empresas que conhecíamos e tentar descobrir mais sobre empresas que não conhecíamos e que ofereciam boas soluções.

Qual é o papel que vê ser desempenhado pelas parcerias com fornecedores e pela gestão da qualidade total?

TQ M - Fornecedores que ajudam a melhorar a conceção do produto e a fita do seu produto final.

Penso que é muito importante, trabalhamos com poucos fornecedores. O produto certo, o serviço e o preço são factores-chave para nós. Não seleccionamos catálogos nem escolhemos produtos que queremos comprar. Confiamos em fornecedores que nos possam apoiar bem e que conheçam o negócio para podermos desenvolver relações fortes.

Que papel desempenha a tecnologia da informação no seu processo de tomada de decisões? (internet, sap)

Não tenho a certeza se ajuda a tomar decisões. Mas é necessária para as empresas, por exemplo, a tecnologia informática é necessária para o reforço das vendas e para o processo de melhoria. Isto ajudar-nos-á a trabalhar sem problemas. O toque humano continua a ser muito importante nas empresas.

Qual a importância do conhecimento do produto e do sector por parte do vendedor, numa escala de 1 a 10? Que efeito tem no seu processo de tomada de decisão?

Eu classificá-lo-ia como 9,5. Tem um grande efeito. Gostaria que um vendedor viesse cá e me apresentasse factos. Ele deve saber do que está a falar e ter uma elevada competência técnica.

Meios digitais

Que papel desempenha a "Internet" na sua tomada de decisões?

Qual é o impacto direto dos meios digitais na sua decisão de compra?

As redes sociais (Linkedin, facebook, twitter), os catálogos em linha e os sítios Web de boas empresas são úteis. Pode envolver-se em discussões com empresas com bons sítios Web, mas se não for bom, pode não contactar o fornecedor. Não tenho tempo para as redes sociais porque me consomem demasiado. Prefiro uma abordagem tradicional de vendedor e um bom sítio Web da empresa é uma obrigação

A que meios digitais recorre em particular?

Que suporte digital tende a utilizar? Tablets, telemóveis inteligentes, computadores portáteis? O que funciona melhor para si?

Principalmente computador portátil, ocasionalmente telemóvel.

Tem um telemóvel inteligente? Em caso afirmativo, de que forma pensa que este ajuda como plataforma no seu processo de tomada de decisões?

O telemóvel inteligente ajudará a tomar decisões se for um homem na rua a fazer compras a retalho, então sim. Mas num mundo empresarial isso não acontecerá, pois a situação é mais complexa e é necessário tomar uma decisão ponderada. O telemóvel inteligente pode ser utilizado apenas como uma ferramenta para recolher informações sobre o produto, a empresa ou a tecnologia, por exemplo, o que pode ajudar a preencher as lacunas de conhecimento necessárias para tomar a decisão.

"A Internet proporciona normalmente custos de contacto e de transação mais baixos e um maior acesso para manter a relação entre cada empresa e comprador".

Do ponto de vista da empresa, o comércio direto na Internet é muito reduzido, o material de escritório sim, os artigos de uso diário talvez. Mas, para os processos-chave, a interação com o pessoal de vendas é importante, uma vez que na Internet isto pode tornar-se muito impessoal, mas este aspeto pode mudar no futuro.

Com que frequência visita portais em linha para comprar e recolher informações? Porquê? Que papel desempenham as redes sociais no processo de tomada de decisão?

Diariamente, semanalmente, mensalmente - consulto os sítios Web quase diariamente, mas não necessariamente para tomar uma decisão de compra, mas mais por conveniência e para pesquisar informações sobre os produtos. Pode ser utilizado como uma ferramenta de pré-qualificação - por isso, utilizo o sítio Web na Internet antes de contactar o pessoal de vendas do fornecedor.

A tendência para o aprovisionamento global tem impacto no seu processo de tomada de decisões? Se sim, como?

Vê indícios de uma mudança da abordagem transacional (em que os fornecedores são frequentemente escolhidos apenas com base no preço) para a abordagem baseada nas relações (abordagem baseada em parcerias em que os principais fornecedores são selecionados com base em relações a longo prazo, inovação tecnológica e proposta comercial)?

Como é que compara as informações que recebe dos meios de comunicação digitais com as informações recebidas de um vendedor através de discussões presenciais?

A minha preferência é a discussão presencial, uma vez que tem mais importância no nosso contexto organizacional de tomada de decisões. Talvez no futuro a perspetiva das redes sociais se altere. Atualmente, não tenho a certeza do ponto de vista das redes sociais. Penso que é bom para a publicidade, mas é só isso!

Quais são os canais de redes sociais que utiliza?

Que elementos das redes sociais são úteis no processo de tomada de decisão?

Que elementos das redes sociais não são úteis para o processo de tomada de decisão?

Nenhum - N/A

A iluminação LED e as redes sociais são tecnologias relativamente novas. Será que andam de mãos dadas?

"Não creio que haja qualquer ligação entre eles"

Pensa em algo que possa simplificar drasticamente o processo de tomada de decisão, por exemplo: uma nova aplicação, uma base de dados, etc.?

Essa é uma grande questão! "Não há nada que nos venha imediatamente à cabeça, informação que queremos rapidamente, se a pudéssemos obter mais rapidamente seria bom." Não tenho a certeza de que uma aplicação seja útil, pois há muitos parâmetros técnicos e comerciais que podem mudar na iluminação LED.

12.6 **Entrevista 5**

As perguntas da entrevista serão feitas por telefone ou pessoalmente.

Todas as conversas telefónicas e reuniões presenciais são gravadas para serem anotadas e estão à disposição do entrevistado.

Confidencialidade - Todos os nomes e nomes de empresas serão anónimos.

Uma cópia do relatório pode ser fornecida mediante pedido.

Perguntas da entrevista

Introdução

Qual é o seu nome?

Qual é o seu cargo?

Diretor Técnico, MD

Em que empresa trabalha?

FWL

Há quanto tempo trabalha nesta função?

12.7 ANOS E 30 anos no sector da iluminação.

Dinâmica da indústria da iluminação

Na sua opinião, como é que o sector da iluminação e a empresa evoluíram nos últimos 5 anos?

Cada vez mais técnico. O LED transformou completamente a indústria. Implicações para a empresa Tem sido um desafio adotar as novas tecnologias. Sendo uma pequena empresa, temos dificuldade em acompanhar o desafio do LED. Os "peixes maiores podem enfrentar o desafio". Muita informação técnica, carga de trabalho diária para nos mantermos actualizados. Os ciclos de conceção dos produtos estão a avançar rapidamente!

Os regulamentos governamentais afectam o seu processo de decisão e de compra? Em caso afirmativo, como?

Não há decisões governamentais. Apenas as normas de iluminação nos afectam. Os programas governamentais sobre financiamento e eficiência energética afectam-nos, uma vez que podemos obter um incentivo ou desconto para o nosso projeto de iluminação.

A tendência para o aprovisionamento global tem impacto no seu processo de tomada de decisões? Se sim, como?

Comprar LEDs da China ou do Reino Unido. Afecta-nos o facto de os concorrentes comprarem produtos de baixa especificação provenientes de países com preços baixos e que não cumprem as normas técnicas, juntamente com alegações espúrias.

Como é que esta evolução da tecnologia influenciou a sua tomada de decisão na compra de produtos LED?

O que é que eu acho é que o meu pai não tem nada a ver com o meu filho, mas com a minha mãe, que é uma mulher de família.

Como é que as forças competitivas no sector da iluminação LED e no sector da iluminação geral afectaram a sua tomada de decisões?

Principalmente em termos de qualidade e de prazos de entrega dos produtos. O apoio do fornecedor é fundamental.

Como é que as forças competitivas no sector da iluminação LED e no sector da iluminação geral afectaram a sua tomada de decisões?

Para mim, trata-se de uma ameaça, uma vez que não são especialistas em iluminação e, muitas vezes, fazem afirmações sem fundamento. O LED é um pequeno componente do sistema e é o caminho mais económico.

Os clientes são desafiados. O utilizador final está cada vez mais cético.

Ao tomar uma decisão de compra de uma solução de iluminação, que influência têm os diferentes países com tecnologias concorrentes na sua decisão?

(Uma tecnologia predominante nos EUA)

Estamos mais preocupados com o desenvolvimento da UE do que com o desenvolvimento americano. Gostamos de ouvir as empresas da UE.

Critérios de tomada de decisão

Que critérios são mais importantes para si quando compra produtos LED? E quais são os critérios menos importantes?

Lumens / watt, gestão térmica, CRI, CCT, tempo de vida útil e outros aspectos técnicos, desde marca comercial, preço, qualidade, fiabilidade, velocidade, flexibilidade

Processo de tomada de decisão

Que passos segue para chegar a uma decisão final sobre qual o produto LED a comprar? Existem alguns passos que são sempre necessários para si? (Por exemplo, uma teoria define 8 passos: reconhecimento da necessidade/consciência do problema, definição das caraterísticas e quantidade, desenvolvimento de especificações, procura e qualificação de fornecedores (descoberta), solicitação de propostas ou orçamentos, avaliação de propostas e seleção de fornecedores, seleção de uma rotina de encomendas, avaliação do desempenho e feedback (validação)

Começamos com uma avaliação do desempenho técnico, pacote de lúmenes, lúmenes/watt. Trata-se de uma solução vendável. Em seguida, analisamos o preço e a fiabilidade térmica. Ajuda se a empresa tiver um vendedor. Não há nada que substitua o facto de explicar as vantagens e de nos dar a mão durante todo o processo de conceção. Por vezes, também depende dos prazos de entrega.

Quanto tempo é que estas etapas envolvem e alguma delas tem uma prioridade especial para si?

N/A

Quais são os seus critérios de avaliação pós-compra?

Temos de receber as peças a tempo e recebemos "o que pedimos quando efectuámos a encomenda". Testamos o produto na prova.

Factores de influência na tomada de decisões B2B

Que impacto tem a estrutura organizacional ou a hierarquia no seu processo de decisão de compra B2B?

Não existe uma hierarquia organizacional. Isto significa que tenho mais flexibilidade ao tomar as minhas decisões para o sucesso da nossa empresa e, consequentemente, podemos avançar muito mais depressa!

A que tipo de fontes de informação recorre para ajudar na sua decisão de compra?

Confio em falar com o vendedor, mas a geração mais jovem da empresa está a olhar para a Internet

Quais as feiras a que assiste que o ajudam na seleção de produtos e no processo de tomada de decisões?

A LuxLive, a revista Healthcare e a Light and Building analisarão os produtos a partir do zero.

Qual é o papel que vê ser desempenhado pelas parcerias com fornecedores e pela gestão da qualidade total?

Eu vejo-o como uma ameaça. A parceria com uma empresa convém às grandes empresas de iluminação, por exemplo, que podem comprar grandes volumes!

Que papel desempenha a tecnologia da informação no seu processo de tomada de decisões?

Para além da Internet, que é mais uma ferramenta de comunicação e pesquisa, não afecta grandemente a decisão de compra. É um sistema que serve de base ao processo de decisão.

Meios digitais

Que papel desempenha a "Internet" na sua tomada de decisões?

Trata-se de uma questão importante. Quando estamos a desenhar, precisamos de ter todos os dados técnicos à nossa frente. Como tudo é baseado na Web, precisamos de ser rápidos! Mas, por vezes, o vendedor tem informações mais recentes do que as que constam do sítio Web.

Qual é o impacto direto dos meios digitais na sua decisão de compra?

Não é para mim. É mais para pessoas que trabalham na área da iluminação arquitetónica. No entanto, penso que o Linkedin é útil.

A que meios digitais recorre em particular?

Normalmente, o Linkedin. Vejo-o mais como uma rede de contactos e para melhorar o perfil individual. Analisamos a forma como as pessoas estão a utilizar a tecnologia, quais os obstáculos que encontram. Tweeta? Só o faço a nível empresarial. Linkedin para negócios.

Que suporte digital tende a utilizar? Tablets, telemóveis inteligentes, computadores portáteis? O que funciona melhor para si?

Iphone, Ipad, Computador portátil

Tem um telemóvel inteligente? Em caso afirmativo, de que forma pensa que este ajuda como plataforma no seu processo de tomada de decisões?

Trata-se apenas de uma ferramenta de vendas para a qualificação pré-venda. Mas, para efeitos de vendas, é uma peça diferente.

"A Internet proporciona normalmente custos de contacto e de transação mais baixos e um maior acesso para manter a relação entre cada empresa e comprador".

Concordo, mas não confio na Internet porque não é actualizada regularmente.

Com que frequência visita portais em linha para comprar e recolher informações? Porquê? Que papel desempenham as redes sociais no processo de tomada de decisão?

Eu veria meia dúzia de tipos, não mais do que isso, depende de cada caso

.

A tendência para o aprovisionamento global tem impacto no seu processo de tomada de decisões? Se sim, como?

Será ao nível da Thorlux. Como a Thorlux está a criar a sua própria plataforma. Isso afecta-os a eles, mas não a nós.

Vê indícios de uma mudança da abordagem transacional (em que os fornecedores são frequentemente escolhidos apenas com base no preço) para a abordagem baseada nas relações (abordagem baseada em parcerias em que os principais fornecedores são selecionados com base em relações a longo prazo, inovação tecnológica e proposta comercial)?

Sim, mais baseado em relações, uma vez que a tecnologia é tão avançada e fica obsoleta tão rapidamente! É crucial trabalhar como parceiros para que possamos colher benefícios comerciais mútuos. Podemos fornecer-lhe uma visão do mercado e uma aplicação para a sua iluminação de teatro operacional.

Como é que compara as informações que recebe dos meios de comunicação digitais com as informações recebidas de um vendedor através de discussões presenciais?

Eu compararia, a demonstração de amostras pela força de vendas é a chave! Uma vez que não dispomos de muitos recursos para dedicar tempo aos meios digitais.

Quais são os canais de redes sociais que utiliza?

Que elementos das redes sociais são úteis no processo de tomada de decisão?

Que elementos das redes sociais não são úteis para o processo de tomada de decisão?

A iluminação LED e as redes sociais são tecnologias relativamente novas. Será que andam de mãos dadas?

Penso que andam de mãos dadas. A iluminação LED é muito técnica. Está a evoluir muito rapidamente, pelo que os meios de comunicação social são a chave, mas depende do segmento de aplicação.

Pensa em algo que possa simplificar drasticamente o processo de tomada de decisão, por exemplo: uma nova aplicação, uma base de dados, etc.?

Um fórum para parceiros, onde pode obter as informações mais recentes. O que está a ser lançado, que tipo de roteiro. Criar uma APP que facilite o processo de conceção. A base de dados pode ser útil. As aplicações podem ajudar.

13 Compra Organizacional - Iluminação LED

Factores pessoais que podem influenciar a tomada de decisão (assinale a opção que considera mais adequada para cada fator - sendo 10 a mais preferida)

Factores	1	2	3	4	5	6	7	8	9	10
Promoção de emprego								X		
Emprego Segurança							X			
Salário Incremento							X			

Factores situacionais que podem influenciar a tomada de decisão (Assinale a opção que considera mais adequada para cada fator - sendo 10 a mais preferida)

Factores	1	2	3	4	5	6	7	8	9	10
Tempo							X			
Situação financeira atual							X			
Disponibilidade									X	
Financeiro Ofertas								X		
Factores organizacionais internos						X				

Meios digitais que influenciam a sua tomada de decisão (Assinale a opção que considera mais adequada para cada fator - sendo 10 a mais preferida)

Factores	1	2	3	4	5	6	7	8	9	10
Internet									X	
Portais online							X			
Redes sociais							X			
Comércio eletrónico móvel					X					

Printed by Books on Demand GmbH, Norderstedt / Germany